SAMMLUNG GÖSCHEN BAND 280

QUELLENKUNDE DER DEUTSCHEN GESCHICHTE IM MITTELALTER

(BIS ZUR MITTE DES 15. JAHRHUNDERTS)

von

PROF. DR. KARL JACOB

II

DIE KAISERZEIT (911—1250)

Fünfte Auflage neubearbeitet von

DR. HEINRICH HOHENLEUTNER

WALTER DE GRUYTER & CO.

vormals G. J. Göschen'sche Verlagshandlung · J. Guttentag, Verlagsbuchhandlung Georg Reimer Karl J. Trübner · Veit & Comp.

BERLIN 1961

Die Gesamtdarstellung umfaßt folgende Bände:

I: Einleitung. Allgemeiner Teil. Die Zeit der Karolinger. (Band 279).

II: Die Kaiserzeit (911—1250) (Band 280).

III: Das Spätmittelalter (vom Interregnum bis 1500) (Band 284).

 — Archiv-Nr. 11 02 80. — Satz und Druck: Saladruck, Berlin N 65. — Printed in Germany.

Inhaltsverzeichnis

Literatur, Abkürzungen und Siglen

siehe Band 1, S. 4

außerdem

Ausgew. Qu. z. Gesch. d. MA = Ausgewählte Quellen zur Geschichte des Mittelalters (Frhr.-v.-Stein-Gedächtnisausgabe) s. Qk. I^6, S. 81.

HVS = Historische Vierteljahrsschrift.

Jaffé Bibl. = Bibliotheca rerum Germanicarum s. Qk. I^6, S. 82. DW 1143.

Migne, PL = Cursus completus patrologiae accur. J. P. Migne. Series latina T. 1—226. 1857—1879. DW 1139.

Muratori = Rerum Italicarum Scriptores s. Qk. I^6, S. 84. DW 1274.

WH = Wattenbach—Holtzmann s. Qk. I^6, S. 5.

Nachtrag zu S. 40:

Rudolf Buchner hat nunmehr (DA 16, 1960, 389—396) wahrscheinlich gemacht, daß Hermann v. Reichenau als Verfasser der verlorenen Schwäbischen Weltchronik anzusehen ist und diese als erste Fassung seiner Weltchronik (s. S. 42) um 1040—1043 fertiggestellt hat.

1. Kapitel

Die Zeiten der Herrschaft des sächsischen Hauses

(911—1024)

Literatur:

Dahlmann-Waitz 9. A. S. 366—370; 430; 435; 457.
Wattenbach-Holtzmann I Heft 1 u. 2.
M. Jansen u. L. Schmitz-Kallenberg, 2. A. (in A. Meister, Grundriß I, Abt. 7 u. einzeln) S. 38—46.
M. Manitius II u. III.
A. Potthast II, S. 1658—1659.
W. Gundlach, Heldenlieder I: Hrotswithas Otto-Lied, 1894.
W. Giesebrecht I^{5}, S. 777—798 u. II^{5}, S. 555—581.
R. Holtzmann, Geschichte der sächsischen Kaiserzeit 900 bis 1024. ^{3}1956.

Die *erzählenden Quellen* für die Zeit des *sächsischen* Hauses sind im wesentlichen im 3. und 4. Bande der Scriptores in den Monumenta Germaniae vereinigt, Nachträge in Band 13, 14, 15, 20 und 30. Mehrere wichtige Quellen für diese Epoche sind jedoch nur noch in den neuesten Auflagen der sog. Schulausgabe (Scriptores rerum Germanicarum in usum scholarum) oder der SS. rer. Germ., Nova series zu benutzen, einige auch in anderen, z. T. ausländischen Publikationen. Die *Urkunden* der Herrscher sind in den Diplomata der MG jetzt vollständig bis 1024 erschienen: *Diplomata regum et imperatorum Germaniae* (= Die Urkunden der deutschen Könige u. Kaiser) I bis III, Nachträge zu den Urkunden Heinrichs II. in Bd. IV[1]).

Schriftliche *Reichsgesetzgebung* hat aufgehört; nur vereinzelt, aber z. T. von großer Bedeutung, treten Beschlüsse geistlicher Synoden auf: sie sind mit dem wenigen, was von politischen Verträgen und reichsgesetzlichen Erlassen der Herrscher überliefert ist, in den *Constitutiones et Acta* (MG LL sect. IV, Bd. I, s. Qk. I^{6}, 78) vereinigt.

Die *Regesten* der Herrscher dieser Epoche liegen in der Böhmerschen Neubearbeitung bisher bis 1002 vor: *Regesta Imperii I*

---

1) Man zitiert sie abgekürzt mit den Anfangsbuchstaben des Herrschers und der laufenden Nummer, also DH I. 24, DO III. 7 usw. Reproduktionen u. a. in Kaiserurkunden in Abbildungen, Lief. 1, 3, 4, 6, 9, 11; Arndt-Tangl, Schrifttafeln II,4.

(für Konrad I.) neubearb. v. E. Mühlbacher u. J. Lechner 1908 II, 1 (Heinrich I. u. Otto I.) neubearb. v. E. v. Ottenthal 1893; II, 2 (Otto II.) neubearb. v. H. L. Mikoletzky 1950[2]); II, 3 (Otto III.) neubearb. v. M. Uhlirz 1956. Für die Jahre 1002—1024 ist das Verzeichnis bei Stumpf[3]), Reichskanzler, Bd. II (s. Qk. I S. 86) bei all seiner Lückenhaftigkeit und heutigen Unvollständigkeit noch unentbehrlich. Dazu sind noch heranzuziehen die Nachrichten und Aufsätze im „Neuen Archiv" (NA) bzw. „Deutschen Archiv" (DA), — s. Qk. I S. 7 — und die

Jahrbücher der deutschen Geschichte:

für Heinrich I. von G. Waitz 3. A. 1885[4]);
für Otto I. von R. Köpke u. E. Dümmler 1876 (neue Bearbeitung sehr notwendig);
für Otto II. von K. Uhlirz 1902;
für Otto III. von M. Uhlirz 1954[5]);
für Heinrich II. von Usinger, Hirsch, Bresslau 3 Bde., 1862—1874.

Im übrigen ist das urkundliche Material, das an Umfang in dieser Periode wieder erheblich zuzunehmen beginnt, in den *lokalen* und *territorialen Sammlungen* weit zerstreut. Genügende Hilfsmittel zur Übersicht fehlen. Oesterleys Wegweiser (s. Qk. I[6] S. 5) reicht nicht aus; siehe auch die Verzeichnisse der Sammlungen bei Dahlmann-Waitz[9], 78—90, wo auch die speziellen Regestenwerke für einzelne Gebiete und Orte angeführt sind[6]).

Über die Zeiten Konrads I. und die ersten Jahrzehnte der neuen Dynastie sind wir sehr mangelhaft unterrichtet. Noch dauert zunächst die innere Zersetzung und die Bedrängnis durch äußere Feinde, die Ungarn vor allem, fort. Erst nach schweren Kämpfen wird Heinrich I. über diese Gewalten Herr, und es gelingt ihm, durch die Gewinnung Lothringens den Umfang des Reichs wiederherzustellen. Aber bald nach der Thronbesteigung Ottos I. ist für mehr als ein Jahrzehnt der von Heinrich I. erstrittene innere

2) Hierzu Th. Schieffer, HJb. 70 (1950) 427 ff. u. W. Holtzmann, DA 9 (1952) 207 ff.
3) Man zitiert St und die Nummer, also St 2864 usw.
4) Für Konrad I: E. Dümmler, Jbb. d. ostfränk. Reiches III.[2] 1888.
5) Vgl. hierzu F. Weigle in DA 13 (1957) 282 ff.
6) Eine Übersicht über die Urkundenpublikationen für Sachsen und Thüringen jetzt bei WH I 74 f. Anm.

Friede wieder gestört. Das sind keine Zeiten, in denen die Geschichtsschreibung gedeihen kann. Gerade die reichsten und blühendsten Städte und Klöster, die Stätten der Bildung, an denen man geschichtliche Aufzeichnungen gepflegt hatte, sind zum größten Teil, namentlich im Süden und Osten, den verheerenden Beutezügen der Ungarn erlegen, im Norden und Westen schon vorher von den Invasionen der Normannen heimgesucht. Auch die urkundlichen Aufzeichnungen, die Privilegien und besonders die Urkunden des privaten Rechtsverkehrs, die vielfach der größeren Sicherheit wegen auch von Laien an Klöster und Kirchen zur Aufbewahrung übergeben wurden, sind in jenen Verheerungen großenteils zugrunde gegangen. Der rege literarische Verkehr der karolingischen Zeit zwischen dem Hofe und den geistlichen Kulturpflegestätten hat aufgehört. Nur selten noch wandern die annalistischen Notizen zwischen den Klöstern. Die politische Einheit, die überragende Macht des Königtums ist verlorengegangen. Eine amtliche Reichsannalistik, überhaupt reichsgeschichtliche Darstellungen sind nicht vorhanden. Erst nach der Mitte des 10. Jahrhunderts, im Zusammenhang mit den durch Otto I. geförderten kulturellen Bemühungen und unter dem Eindruck der überragenden Stellung, welche durch diesen Herrscher das Königtum wiedergewonnen hat, beginnt man sich wieder mehr mit der Aufzeichnung der Ereignisse nicht nur der Gegenwart, sondern auch der vorhergehenden Jahrzehnte zu beschäftigen. Zum Teil hat man sich inzwischen mit kurzen Notizen auf den Ostertafeln, wie einst zwei Jahrhunderte zuvor, begnügt[7]). Jetzt folgen ausführlichere Berichte aus namhaften Klöstern, z. B. aus Hersfeld, Fulda, Quedlinburg. Vor allen Dingen aber ersteht zur Verherrlichung der Dynastie eine spezifische *sächsische* Geschichtsschreibung[8]), die sich zum Teil an antike,

---

7) Ein gutes Beispiel bietet die Reproduktion eines Abschnittes der dürftigen Corveyer Annalen (Ann. Corbeienses) für die Jahre 933—938 (MG SS III).

8) H. Herricht, Die Beziehungen zwischen d. vier Hauptquellen d. Zeit Ottos d. Gr. Diss. Halle 1944; zur otton. Geschichtsschreibung allgemein s. auch U. Turck (S. 36, Anm. 14), u. W. Tiersch, Das Vergangenheitsbild in d. Historiographie d. Ottonenzeit. Diss. Halle 1952.

aber auch karolingische Vorbilder anlehnt. Im Zusammenhang mit dem Charakter der sog. ottonischen „Renaissance“[9]) und der veränderten Stellung des Episkopats erwächst eine Historiographie, die für die „Reichskirche“ und Klosterkultur dieser Zeit charakteristisch ist. Insbesondere wird die Wirksamkeit umsichtiger, auf die Förderung auch der weltlichen, namentlich der wirtschaftlichen Interessen ihrer Stifter bedachter Kirchenfürsten in Werken von zum Teil großem Werte dargestellt. Die Lebensbeschreibungen (Vitae), die die hagiographischen Gesichtspunkte hinter dem Wirken für Reich und Kirche zurücktretenlassen, nehmen damals einen guten Teil der zeitgenössischen Überlieferung ein.

Was aber die Summe dieser Überlieferung aus jener Epoche selbst, auch in Verbindung mit den Urkunden und urkundartlichen Aufzeichnungen, uns bietet, ist für sicheres Erfassen der wichtigeren Vorgänge, ihre Verknüpfung und Deutung noch ziemlich unzulänglich. Die Zahl der erhaltenen Briefe ist gering. Publizistische Stimmen und ähnliche Quellen fehlen fast ganz. Daher müssen wir unser Material auf andere Weise zu ergänzen suchen; dies Bemühen ist nicht ohne Erfolg geblieben:

1. ist eine Reihe von *annalistischen Aufzeichnungen* aus der sächsischen Zeit zwar unmittelbar verloren, uns aber in — für diese Abschnitte natürlich kompilatorischen — Arbeiten des 11. Jahrhunderts erhalten: so bei Hermann von Reichenau, in den Annalen von Altaich, bei Lampert von Hersfeld und Frutolf von Michelsberg; z. T. auch in solchen des 12. und 13. Jahrhunderts (Kaiserchronik, Annalista Saxo, Annalen von Pöhlde, Sächsische Weltchronik usw.), die freilich wegen sagenhafter Entstellungen für diese Abschnitte vielfach mit Vorsicht zu benutzen sind[10]);

2. gewähren *Kloster- und Bistumsgeschichten* sowie *Chroniken,* die im 11. und 12. Jahrhundert geschrieben sind, auch für die vorausgegangene Zeit auf Grund schriftlicher oder mündlicher lokaler Überlieferung vielfach brauchbare Nachrichten: so

---

[9]) H. Naumann, Karolingische u. ottonische Renaissance. 1926.

z. B. die Aufzeichnungen aus St. Gallen, Cambrai, Sigebert von Gembloux, Adam von Bremen, Helmold[10]);

3. sind auch außerhalb der Reichsgrenze entstandene Werke zur Ergänzung unseres Wissens heranzuziehen, vor allen Dingen aus Frankreich Flodoard von Reims (bis 966, s. S. 22 f.), Richer von St. Remy (bis 998, s. S. 23) und — seit der ersten Eroberung des *italienischen* Königreichs — die dort entstandenen Aufzeichnungen. Wegen der umfassenden auswärtigen Beziehungen seit der ottonischen Zeit sind auch *polnische* und *byzantinische* Autoren nutzbar zu machen für die Vorgänge und Zustände in Deutschland. Auch Berichte arabischer Reisender sind interessant und brauchbar[11]).

Am ungünstigsten ist es mit der Überlieferung für die Zeiten Konrads I. (911—918) bestellt. Auf die wichtigsten Fragen vermag sie uns nicht Antwort zu geben: auf die Frage nach der Entstehung der Herzogtümer und vor allen Dingen, weshalb und woran denn eigentlich Konrads Bemühungen zur Herstellung der Königsmacht und Reichseinheit gescheitert sind. Für seine Stellung zur Kirche und die Haltung des Klerus sind wir durch die Beschlüsse der Hohenaltheimer Synode (916)[12]) doch auch nur sehr ungenügend unterrichtet. Ihre Bedeutung in Konrads Politik ist umstritten. Aus der geringen, wohl nie groß gewesenen Zahl von Königsurkunden[13]) sind nur dürftige Ergebnisse zu gewinnen.

---

[10]) Über alle diese Aufzeichnungen s. weiterhin.

[11]) G. Jacob, Arabische Berichte von Gesandten an germanische Fürstenhöfe im 9. u. 10. Jahrh. (in dt. Übers.) 1927 und im Anhang zur Widukind-Übersetzung von P. Hirsch (Geschschr. 33, 5. Aufl. 1931): 1) e. Bericht des Kaufmanns Ibrahim ibn Jacqub (erhalten im „Buch der Länder u. Wege" des al-Bekrî, eines Gelehrten in Cordova († 1094) über einen Besuch am Hofe Ottos I. und über Böhmen, Polen u. d. Abodritenland (neue Ausg. v. Th. Kowalski, Monumenta Poloniae historica Nova series I. 1946); 2) e. Bericht e. Gesandten des Kalifen von Cordova, Ibrahim ibn Achmed al-Tartûschi (d. i. Tortosa) über Frankreich u. Deutschland, erhalten über d. arab. Geographen al-'Udhri († 1083/85) in e. Auszug in d. Kosmographie des Qazwini: Nachrichten über Mainz, Fulda Soest, Paderborn, Utrecht u. Schleswig aus d. Anfang d. 11. Jhs.

[12]) Die Akten dieser Synode in MG LL sect. IV, Const. I. Vgl. dazu A. Hauck, Kirchengeschichte Deutschlands im MA III, S. 13 ff. Ferner M. Hellmann, HJb. 73 (1954) 127—142 und H. Fuhrmann, Zs. f. bayer. Landesgesch. 20 (1957) 136—151.

[13]) MG DD regum et imp. Germaniae I. 38 Nummern.

Und nicht viel besser steht es mit unserem Wissen noch um die Regierungszeit Heinrichs I. (919—936)[14]: gleichgültig, ob wir nach seiner Auseinandersetzung mit den Herzogen oder den Beziehungen zur Kirche, nach dem Ursprung und der Art seiner Erhebung oder der Abwehr der Ungarn fragen. Völlig im Dunkel liegt seine Lebensgeschichte und Tätigkeit bis zur Königswahl[15]). Ungemein spärlich nur sind die Urkunden, zumal die echten, die wir von Heinrich I. haben[16]). Wohl berichten auch Geschichtsschreiber aus der späteren Zeit Ottos und aus dem Anfang des 11. Jahrhunderts über Person und Regierung des ersten Königs aus sächsischem Stamme. Aber ihre Erzählung erscheint teils reflektiert aus den Zuständen der eigenen Zeit, teils ist sie völlig sagenhaft geworden. Zudem ist sie einseitig sächsisch, ebenso bei Widukind von Corvey (s. S. 13 f.) wie bei Thietmar von Merseburg (s. S. 21 f.). Nur mit größter Vorsicht ist hier Liutprand von Cremona (s. S. 12 f.) zu benutzen, denn ihm fehlen für diese Jahrzehnte genügende Kenntnis und Verständnis, und Flodoard von Reims (s. S. 22 f.) berichtet wesentlich nur über die lothringischen Verhältnisse. Daher erscheint das Bild Heinrichs vielfach so undeutlich und gar sagenhaft entstellt (der Vogelsteller, Finkler [auceps] zuerst beim Annalista Saxo, Mitte des 12. Jahrhunderts[17]).

Da war es höchst erfreulich, daß 1921 von E. Klebel in Admont die aus dem 12. Jahrhundert stammende Abschrift in Baiern entstandener Annalen gefunden wurde: der wichtigste Teil Auszüge aus verlorenen großen Salzburger Annalen *(Annales Iuvavienses Maximi)* von 725—956[18]). Daraus ist zu er-

---

14) Vgl. auch F. Schröder, Das Bild Heinrichs I. in der deutschen Geschichtsschreibung des MA. von 950—1250, Diss. Halle 1949.

15) Siehe den quellenkritisch und methodologisch trefflichen Aufsatz von M. Lintzel zur Designation und Wahl Heinrichs I. in DA 6 (1943) 379—401 u. spätere Arbeiten Lintzels, ferner W. Schlesinger, Die Anfänge d. dt. Königswahl, ZSSRG Germ. Abt. 66 (1948) 381—440.

16) s. Anm. 13, 43 Nummern.

17) Vgl. C. Erdmann, Sachsen u. Anhalt 17 (1941/43) u. nunmehr A. Duch, Arch. f. Kulturgesch. 34 (1952) 194—208, danach „Finkler" eine Verlesung des Ortsnamens Dinklar.

18) Ausg.: von H. Bresslau in MG SS XXX 727—744; dazu ders. in AbhBA 1923; z. T. übers. v. P. Hirsch in d. Übers. v. Widukind (s. S. 14) DW 5927.

sehen, wie groß die Selbständigkeit und die eigene Politik dieses Herzogtums damals war (919 Wahl Herzog Arnulfs zum König)[19].

Dieser Zustand bleibt auch, nur wenig gemildert, noch für die erste Hälfte von Ottos Regierung bestehen[20]. Selbst der äußere Verlauf der Ereignisse erscheint noch in wichtigen Einzelheiten unsicher. Weder der innere Zusammenhang der Unruhen in den ersten Jahren und der Bestrebungen und Erhebung Liudolf ist einigermaßen genügend bekannt, noch gibt es eine ausreichende Überlieferung über die Gründe für Ottos Eingreifen in Italien, über den Wandel der inneren Politik und ihren Zusammenhang mit der Erneuerung des mittelalterlichen Imperiums.

Wohl treten nun in den sechziger Jahren die Geschichtsschreiber auf, deren Führung wir uns anvertrauen müssen; aber die eben erwähnten Fragen liegen so gut wie ganz außerhalb ihres Gesichtskreises[21]. Der Ruhm der Taten des Herrschers, der geistliche und weltliche Widersacher in Deutschland ebenso wie äußere Feinde bezwungen, der Italien gewonnen und das Papsttum gerettet und zugleich unter seine kaiserliche Gewalt gebeugt hat, mußte zur Verherrlichung anreizen. Am Hofe selbst regt sich literarisches Treiben und geschichtliches Interesse. Wie unter Karl werden Gelehrte, auch auswärtige, an den Hof gezogen.

Diese Bestrebungen unterstützte der jüngste Bruder Ottos, Brun (s. auch S. 15), dessen ehemaliger Mitschüler Bischof Rather von Verona († 974) war. Von dort vertrieben, wurde er durch Vermittlung Bruns Bischof von Lüttich (953—956), doch auch hier scheiterte er und starb schließlich in Namur. Er hinterließ zahlreiche Werke, meist

---

19) Vgl. nunmehr K. Reindel, Die bayer. Luitpoldinger v. 893—989. Sammlg. u. Erläuterung d. Quellen (Quellen u. Erört. z. bayer. Gesch., N. F. Bd. 11) 1953.

20) Vgl. auch H. W. Friese, Das Bild Ottos d. Gr. in d. dt. Geschichtsschreibung des MA von 950—1250. Diss. Halle 1939.

21) W. Maurenbrecher, De historicis decimi saeculi scriptoribus, qui res ab Ottone Magno gestas memoriae tradiderunt 1862, hat den interessanten „Versuch gemacht, den politischen Standpunkt der Autoren zu ermitteln und danach ihre Glaubwürdigkeit zu bestimmen" (Giesebrecht), vielleicht nicht überall mit voller Unbefangenheit; wie weit M. selbst später seine Auffassung geändert hat, darüber vgl. seine „Gesch. d. deutschen Königswahlen" 1889.

theologischen Inhalts, doch sind seine Briefe[22]) sowohl für die Geschichte der Zeit als auch für die Entwicklung dieser eigenartigen Persönlichkeit[23]) eine Quelle von besonderem Wert.

Der Diakon Gunzo von Novara brachte, von Otto I. eingeladen, etwa einhundert Bücher nach Deutschland; wegen seines merkwürdigen Lateins wurde er in Sankt Gallen verspottet und rechtfertigte sich daraufhin in einem Schreiben an die Reichenauer Mönche, der *Epistola ad Augienses*[24]).

Als politischer Flüchtling kam der vornehme Langobarde Liutprand († 972/3), der vorher Kanzler König Berengars II. von Italien gewesen war, an den Hof Ottos, der ihn 961 dann zum Bischof von Cremona[25]) ernannte.

Da schrieb er nun von 956—962 seine *Antapodosis*, d. h. das Buch der Vergeltung für das ihm (wie er sagt, durch König Berengar von Italien und seine Gemahlin Willa) zugefügte Unrecht[26]), eine Darstellung der Ereignisse vom Tode Kaiser Karls III. bis zu seiner Sendung durch König Berengar nach Byzanz (949). Sie will universalgeschichtlich im Sinne jener Zeit sein, bleibt aber im wesentlichen auf die Vorgänge in Deutschland, Italien und Byzanz beschränkt, vielfach unzuverlässig, durchgängig subjektiv gefärbt, wichtig aber namentlich durch kul-

22) MG Epp., Die Briefe der dt. Kaiserzeit Bd. I: Die Briefe d. Rather v. Verona. Bearb. v. F. Weigle, 1949. — WH I 130f. u. 418f.: F. Weigle, Il processo di R., Studi storici Veronesi 4 (1953) 29—44: C. G. Mor, ebda. 4 (1953) 45—56; V. Cavallari, R. e Verona, ebda. 5 (1954) 11—67.

23) Über seine autobiogr. Schriften G. Misch, Gesch. d. Autobiographie, Bd. II, 2. 1955, S. 590ff.; H. M. Klinkenberg, Arch. f. Kulturgesch. 38 (1956) 265—314.

24) Ausg. v. K. Manitius, MG, Quellen z. Geistesgesch. d. MA, Bd. II. 1958; H. Beumann, Studium generale 12 (1959) 497—511.

25) Liudprandi episc. Cremonensis opera in MG SS. rer. Germ. i. u. sch. 41, 3. A. v. J. Becker 1915; Übers.: Geschichtsschr. 29. Lit.: WH I 318, ff., bes. das ausgezeichnete Buch v. M. Lintzel, Studien zu Liutprand v. C. 1933; DW 5946; G. Meyer, Ein neues Bruchstück zu L. v. C., Festschrift K. Schwarber, Basel 1949, S. 163—175; E. Galli, Bollettino storico Cremonese 20 (1955—57) 47—69; G. Arnaldi, Archivio della Società Romana di storia patria 79 (1956) 23—34; J. E. Rexine, Greek orthodox theological review 3 (1957) 197—211; H. Beumann, s. Anm. 24; Cl. Leonardi, Italia medievale e umanistica 2 (1959) 73—102.

26) Siehe Buch 3, Anfang: „Der Zweck dieses Werkes geht dahin, die Taten dieses Berengar, der jetzt Italiens Tyrann, nicht König ist, und seines Weibes Willa darzustellen." Ausg. u. Übers. s. Anm. 25.

turgeschichtlich interessante Schilderungen, getragen von Langobardenstolz und voll Verachtung gegen die Römer. Auch über die Sendung, die er in Ottos Auftrag 968 als Brautwerber, freilich erfolglos, für Otto II. nach Byzanz gemacht hat, hat er selbst berichtet[27]) in einer von Hochmut gegenüber Byzanz erfüllten Schmähschrift, die als Propaganda für einen Krieg in Süditalien gegen Byzanz dienen sollte. An der italienischen Politik Ottos ist er beteiligt gewesen, wurde 963 vom Kaiser zu Papst Johann XII. geschickt und war bei der Absetzung des Papstes zugegen. Daher ist sein Bericht über die Ereignisse von 960—964, unmittelbar darauf (vor März 965) verfaßt[28]), als offiziöse Kundgebung zur Rechtfertigung von Ottos Verhalten von besonderer Bedeutung, ist aber wie alle seine Schriften nur mit großer Vorsicht und sorgfältiger Kritik zu verwenden.

Ganz anders als bei diesem Italiener sind Berichterstattung und Auffassung in den *deutschen Geschichtserzählungen,* vornehmlich denen, die aus *Sachsen* stammen. Sie stehen durchaus auf dem Boden des sächsischen Stammesbewußtseins. Sie sind erfüllt von Stolz, daß ihr Stamm der herrschende ist, und in diesem Lichte erscheint der Herrscher selbst; in erster Linie sieht man in ihm den sächsischen Herzog[29]).

Das gilt insbesondere für den gefeiertsten Geschichtsschreiber dieser Epoche, Widukind, den Mönch von Corvey (geb. um 925, † ?, aus sächsischem Adel), der in drei Büchern, 957/8 (Zusätze 973), seine *Res gestae Saxonicae,* also eine Sachsengeschichte, nicht Reichsgeschichte, geschrieben hat[30]): „eine Leistung ersten Ranges für seine

---

[27]) Relatio de legatione Constantinopolitana. Ausg. u. Übers. s. Anm. 25.

[28]) Historia Ottonis. Ausg. u. Übers. s. Anm. 25.

[29]) Vgl. W. v. Stetten, Der Niederschlag liudolfingischer Hausüberlieferung in den ersten Werken ottonischer Geschichtsschreibung. Diss. Erlangen 1954 und ferner E. Bach, Polit. Begriffe u. Gedanken sächs. Geschichtsschreiber d. Ottonenzeit, Diss. Münster 1948 (vgl. hierzu DA 8, 1950, 603 f.).

[30]) Widukindi mon. Corbeiensis rerum gestarum Saxonicarum libri tres in MG SS rer. Germ. i. u. sch. 60, 5. A. v. P. Hirsch 1935. Das erste Buch reicht bis zum Tode Heinrichs I., das zweite bis zum Tode der Königin Edith (946). Übers.: Geschichtsschr. 33, 5. Aufl. 1931. Ältere Lit. in d. Einl. zu dieser Ausgabe u. DW 5941. WH I 24—31 u. 823. Nunmehr grundlegend: H. Beumann, Widukind v. Korvei, 1950. Ferner J. O. Plassmann, Princeps u. Populus. Die Gefolgschaft im otton. Staatsaufbau n. d. sächs. Geschichtsschreibern d. 10. Jhs. 1954; B. Schreyer, ZSSRG, Germ. Abt. 67 (1950) 404—416 u. G. Wolf, ebda. 73 (1956) 372—375.

Zeit". Nicht an die karolingische, sondern an die sächsische Vorzeit knüpft er an, durchaus sagenhaft bis in die Zeiten Heinrichs I., wertvoll vor allem auch durch den Schatz an Stammessage, den er uns gerettet hat (Buch 1)[31]).

Im 2. und 3. Buch schildert er mit mancherlei Einschiebungen die inneren und äußeren Kämpfe, die die Regierungszeit Ottos I. erfüllen bis 958. Ottos erster Römerzug wird nur in wenigen Sätzen berührt, denn *„finis civilis belli terminus sit libelli"*. Bei der kurzen Aufzählung der Unternehmungen in Italien bis nach Apulien und Calabrien und der Besiegung der Römer wird die Errichtung des Kaisertums mit keinem Worte erwähnt, sicherlich bewußterweise[32]). Für Widukind ist Otto der *Imperator*[33]) seit er auf dem Lechfeld so vom Heere begrüßt ist. *Summus pontifex* ist für ihn sein Metropolitan, der Erzbischof von Mainz. Widukind bietet uns das ausführlichste und am anschaulichsten geschriebene Geschichtswerk des 10. Jahrhunderts, mit dem Willen zu wahrheitsgetreuer Berichterstattung und ohne einseitige, tendenziöse Parteinahme.

Mehr dynastisch vielleicht noch als sächsisch ist die Verherrlichung, welche die Nonne Hrotsvith von Gandersheim (geb. 930, † ?) in poetischer Form Otto I. angedeihen ließ[34]).

Als Verfasserin frommer Legenden und biblischer Dramen hat sie große literarische Fruchtbarkeit bewiesen, namentlich zur Verdrängung der heidnischen und sittenlosen Lektüre, speziell des Terenz. Sie hat auch die Anfänge ihres Klosters, zugleich zur Ehre der Dynastie (ihre Äbtissin Gerberga ist die Tochter Heinrichs von Baiern) besungen[35]). Sie schreibt ein gutes und an den

---

31) J. O. Plassmann, Niedersächs. Jb. 24 (1952) 1—35; J. de Vries, Die Ursprungssage d. Sachsen, Niedersächs. Jb. f. Landesgesch. 31 (1959) 20—37.

32) Die Bearbeitung und Fortführung bis 968 bietet nichts für die Jahre 958—962, für 963—968 nur einzelne, bes. sächsische Episoden (Kämpfe Gero's, Rebellion Wichmanns). Die Kaiserkrönung Ottos II. durch den Papst steht nur in einem nach Sachsen gerichteten Briefe Ottos von Anfang 968, der über die beabsichtigten Unternehmungen in Italien kurz berichtet und zum Kampf gegen d. Redarier auffordert. 973 sind nur kurze Angaben über das Ende der Mutter, Ottos Rückkehr und sein Ableben angefügt.

33) Dazu jetzt H. Beumann (s. Anm. 30), S. 251 ff.

34) Ihre im Mittelalter fast unbekannten und unbenutzten Werke hat der Humanist Conrad Celtis entdeckt: erste, sehr seltene Ausgabe mit Holzschnitten von A. Dürer 1501. Aschbach's Versuch (1867) ihre Werke als Erfindung u. Fälschung der Humanistenzeit hinzustellen, ist rasch u. schlagend von R. Köpke zurückgewiesen worden (Hrotsuit v. G. 1869).

35) De primordiis coenobii Gandersheimensis.

Alten geschultes Latein; freilich „mit der Wahrheit hat sie es nicht immer zu genau genommen" (R. Holtzmann). Für ihre Zeit bleibt sie charakteristisch. Ihrem *Carmen de gestis Ottonis I imp.* hat die poetische Form (Hexameter) kaum Schaden getan, und so sind manche Partien des Werkes, das (mit einer großen Lücke von 953—961) bis zur Kaiserkrönung Ottos reicht (967 abgeschlossen), zumal für die Vorgänge in Italien, wohl zu verwerten[36]).

Die große Bedeutung Bruns (geb. 925, † 965), des jüngsten Bruders und einflußreichsten politischen Beraters Ottos, als Kanzler (940—953), Erzbischof von Köln und Regent von Lothringen verleiht seiner Biographie besonderes Gewicht; sie wurde bald nach seinem Tode (968/69) von Ruotger[37]), einem Kölner Kleriker, der Brun nahegestanden hatte, verfaßt und gehört zu den gehaltvollsten Werken dieser Gattung aus jener Zeit.

Ruotger gibt ein klares Bild der Persönlichkeit dieses Erzbischofs und Reichsfürsten, in dem sich so eigentlich die Ottonische Reichskirche verkörpert[38]).

Bei der wichtigen Stellung, welche in der sächsischen Zeit Frauen des Königshauses im Staatsleben eingenommen haben, bieten auch die ihnen geltenden Lebensbeschreibungen mancherlei schätzenswerte Nachrichten.

So wurde auf Veranlassung Kaiser Ottos, vermutlich des Zweiten, von einem unbekannten sächsischen Autor wohl um 979 in Kloster Nordhausen das *Leben* von Heinrichs I. Gemahlin Mathilde dargestellt. Lange Zeit kannte man von diesem Werk nur eine jüngere Überarbeitung, die wahrscheinlich von Heinrich II. angeregt und bestimmt war, die bairische Linie und Mathildens jüngeren Sohn zu verherrlichen; die ältere Vorlage

---

36) Sämtliche Werke der Hrotsvith (Hrotsvithae opera) sind 1902 v. P. v. Winterfeld in MG SS. rer. Germ. i. u. sch. 34 hrsg.; andere Ausg. v. K. Strecker 1906, 2. A. 1930. Übers.: des Carmen in Geschschr. 32 u. v. W. Gundlach, Heldenlieder I. DW 5942. WH I 34—38. H. Kuhn, H. s. v. G. dichterisches Programm, Dt. Vjschr. f. Lit.wiss. u. Geistesgesch. 24 (1950) 181—196, sowie ders., Dichtung u. Welt im MA., 1959, S. 91—104.

37) Ruotgeri Vita Brunonis, neueste Ausgabe von I. Ott, MG SS rer. Germ. N. S. 10, 1951 (Neudruck 1958). Übers. von I. Ott: Geschichtsschr. 30, 1954, ferner von H. Schroers, Ann. d. Hist. Ver. f. d. Niederrhein 88 (1910). DW 5933. WH I 89 ff. F. Lotter, Die Vita Brunonis des Ruotger. (Bonner histor. Forschgn. 9) 1958. H. Hoffmann, Rhein. Vierteljahrsblätter 22 (1957) 31—55.

38) „D. Persönlichkeit Bruns hat in der Literatur eine verschiedenartige Beurteilung gefunden" (Sproemberg in WH I 88).

hat erst R. Köpke in Göttingen entdeckt[39]). Auch deren Quellenwert freilich ist gesunken, seit man erkannt hat, daß nach der im Mittelalter üblichen Sitte ganze Partien, namentlich bei Personenschilderungen, klassischen und nachklassischen Mustern zu entlehnen, auch hier verfahren ist (Sulpicius Severus, Vergil, Terenz, Venantius Fortunatus usw.).

Die von dem Abt Odilo von Cluny (994—1049) verfaßte Vita der Kaiserin Adelheid[40]) ist nur eine „Erinnerungsschrift" des ihm im letzten Zeitraum ihres Lebens persönlich nahestehenden Mannes.

Weit wichtiger sind als Quellen die größeren *annalistischen* Aufzeichnungen.

In erster Linie ist hier die *Fortsetzung* zu Reginos Chronik *(Continuator Reginonis)*[41]) anzuführen. Sie gilt — von 907 bis 967 reichend, ohne den Namen des Verfassers überliefert — jetzt[42]), sicher mit Recht, als das Werk des Abtes von Weißenburg (966) und späteren (seit 968) ersten Erzbischofs von Magdeburg, Adalbert († 981), das er noch als Mönch in St. Maximin bei Trier, vielleicht im Auftrage des Erzbischofs Wilhelm von Mainz, nach der Rückkehr von einer erfolglosen Missionsreise aus Rußland (962) begonnen hat. Er bietet zunächst auf Grund von Reichenauer Aufzeichnungen nur kurz, dann von 938 an in zunehmender Selbständigkeit und Ausführlichkeit eine namentlich für die sechziger Jahre höchst wertvolle, durch politischen Weitblick und Objektivität ausgezeichnete,

---

[39]) Vita reginae Mahthildis antiquior in MG SS X 573 ff., die früher allein bekannte jüngere Überarbeitung in MG SS IV 282 ff.; Übers.: Geschichtsschr. 31 a; d. ältere u. Auszüge aus d. jüngeren Vita. WH I 38 ff.; M. Lintzel, D. Mathildenviten u. d. Wahrheitsproblem i. d. Ottonenzeit, Arch. f. Kulturgesch. 38 (1956) 152—166.

[40]) Odilonis epitaphium Adalheidae, MG SS IV. 636—649; Übers. Geschichtsschr. 35. WH I 302; H. Paulhardt, MJÖG 68 (1960) 244—249.

[41]) Continuator Reginonis: Ausg. in MG SS rer. Germ. i. u. sch. 50, 1890 v. F. Kurze. Übers.: Geschichtsschr. 28. DW 5932; WH I 166 ff. u. 830. A. bricht ab, wohl weil er 967 Otto II. nach Italien begleitete u. 968 Eb. v. Magdeburg wurde.

[42]) Nach der Vermutung von Giesebrecht I 778 („seine unmittelbare Beteiligung nicht unmöglich") und den Feststellungen von Th. Sickel (MIÖG, Erg.-Bd. 1, 1885), Bresslau (NA 25, 1900) u. E. Stengel (D. Immunität I, 1910).

gleichzeitige und zuverlässige Erzählung. Man kann sie, obschon die rheinischen Gegenden im Vordergrunde stehen und Sachsen zurücktritt, doch als eine Art Reichsgeschichte bezeichnen, eine erwünschte Ergänzung der sächsischen Überlieferung und — wenn auch in ihren späteren Teilen immer noch recht knapp gehalten — eine der zuverlässigsten und unentbehrlichsten Quellen, „die beste Reichsgeschichte dieser Zeit"[43]).

Daneben sind die um 950 im Kloster *Hersfeld* begonnenen Aufzeichnungen wertvoll, die — fürs 8. und 9. Jahrhundert kompilatorischen Charakters — seit etwa 900 selbständig werden und bis 984 reichten. Sie sind leider verloren, sind aber in einer Reihe anderer, namentlich annalistischer Aufzeichnungen des 11. Jahrhunderts direkt oder durch weitere Zwischenglieder benutzt worden. Erst nach 1140 sind sie wieder aufgenommen und mit Hilfe der Annales Hildesheimenses maiores bis 1044 fortgeführt[44]).

Die im Domstift verfaßten, vortrefflich unterrichteten *Annales Hildesheimenses maiores* sind leider auch verloren. Ihre Benutzung ist in einer Anzahl von sächsischen und süddeutschen Quellen erkennbar[45]).

In Hildesheim wurde daneben im Michaelkloster um 1030 ein Geschichtswerk begonnen, das erhalten ist: *Annales Hildesheimenses.* Sie brechen 994 (nach B. Godehards Tode) ab und sind erst nach 1060 für die Zeit von 1000—1040 auf Grundlage der Ann. Hildesh. maiores und der Hildesheimer Bischofsviten (Bernward und Godehard) fortgeführt worden[46]).

Die Ann. Hildesh. maiores wurden außerdem in *Quedlinburg* zu eigenen gehaltvollen Aufzeichnungen[47]) benutzt, die seit 985 auf eigenem Erleben des Verfassers beruhen, aber mit mehreren

---

[43]) P. Kirn in WH I 166.

[44]) Annales (Herolfesfeldenses od.) Hersfeldenses (von Waitz 1838 nachgewiesen), von Pertz in MG SS III (1839) aus den davon abgeleiteten Ann. v. Hildesheim, Quedlinburg, Weißenburg u. aus Lampert (nebeneinandergestellt) gedruckt. Seither sind noch einige Ableitungen bekannt geworden. S. WH I 41 f. u. Lotte Tradelius, D. größeren Hildesheimer Jahrbücher u. ihre Ableitungen. Diss. Berlin 1936.

[45]) Lotte Tradelius, a. a. O.

[46]) MG SS. rer. Germ. i. u. sch. 8, 1878; Übers.: Geschschr. 53. WH I 42ff. M.-L. Bulst-Thiele, DA 12 (1956) 517.

[47]) Wertvoll in ihren ersten Teilen durch Einfügung römischer u. germanischer Sagen.

z.T. (so für 962—983) großen Lücken schon 1025 in der einzigen uns erhaltenen Handschrift abbrechen[48]).

Unter den Nachrichten aus Süddeutschland stehen natürlich die Berichte aus *St. Gallen* mit an erster Stelle. Dort wurden zunächst die *Annales Alamannici*[49]) fortgesetzt für die Jahre 882—926; sie sind eine der wertvollsten Quellen für die Zeit Konrads I. Hinzutreten die *Annales Sangallenses maiores* für die Zeit 709—1024[50]), die jedoch erst von 919 ab an Bedeutung gewinnen. Die Klostergeschichte Ratperts (Qk. I[6], S. 122), die *Casus S. Galli,* setzte, allerdings erst in salischer Zeit, etwa um 1050 der Mönch Ekkehard IV. für die Zeit 883—972 fort[51]).

Die Regierung Ottos II. und namentlich Ottos III.[52]) hat für lange Jahre die Herrscher jenseits der Alpen festgehalten. In Otto III. und seinem Ideal der „renovatio imperii Romanorum" erreicht die ottonische Italienpolitik ihren Höhepunkt und bricht mit seinem frühen Tod zusammen. Auch in Deutschland treten jetzt die Folgen dieser Politik in Erscheinung. Regentschaft führen die Frauen des Königshauses, ihnen zur Seite als Berater geistliche Reichsfürsten, darunter am einflußreichsten der Erzbischof Willigis von Mainz. Alle diese Wandlungen finden in der historischen Überlieferung ihren Niederschlag. Freilich die kaiserliche Politik ist größtenteils den Blicken und dem Verständnis der deutschen Berichterstatter entrückt; größere Werke, die Reichsgeschichte schreiben wollen, fehlen. Auch Lebensbeschreibungen gibt es weder für Otto II. noch Otto III. Auffällig ist, daß selbst Willigis von Mainz — von einem kurzen Panegyrikus abgesehen — keine biographische Würdigung, auch nicht als Kirchenfürst, gefunden hat.

48) Annales Quedlinburgenses: MG SS III 22—90; Übers.: Geschschr. 36. Grundlegend: R. Holtzmann, Sachsen u. Anhalt 1 (1925); WH I 44 ff.

49) Ausg.: MG SS I 20 ff., 52 ff., ferner von K. Henking, Mitt. f. vaterländ. Gesch. v. St. Gallen 19 = N.F. 9 (1884) 224 ff.; WH I 226 f.

50) Ausg.: MG SS I 72 ff. u. von K. Henking (s. Anm. 49) 265 ff.

51) Ausg.: MG SS II 75 ff. u. von G. Meyer v. Knonau, Mitt. vaterl. Gesch. St. Gallen 15/16 = N.F. 5/6 (1877). Übers. bisher Geschschr. 38; nunmehr neu übers. v. H. Helbling, Geschschr. 102. Eine neue Ausgabe v. H. Helbling erscheint demnächst in MG, SS. rer. Germ. N.S. Die Fortsetzung bis 1133 siehe S. 55.

52) Vgl. W. Schulze, Otto III. im Urteil d. dt. Geschichtsschreibung v. Ende des 10. b. z. Mitte d. 13. Jahrhts. Diss. Halle 1948.

Diese Quellengattung erhebt sich damals zu besonderer Bedeutung. Zu den hervorragenden Persönlichkeiten dieser Epoche, deren Biographien uns erhalten sind, zählt Bischof Udalrich von Augsburg[53]) (923—973, aus dem Hause der Grafen von Dillingen), noch der Zeit Ottos I. zugehörig.

Die Missionspolitik Ottos III., die nur von seinem universal-christlichen Denken her zu verstehen ist, wurde von seinen Freunden Adalbert von Prag und Brun von Querfurt getragen[54]). Der Heilige Adalbert fand auf einem Missionszug zu den heidnischen Preußen 997 den Tod; zwei Jahre später verfaßte auf Wunsch Ottos III. vermutlich der römische Abt Johannes Canaparius eine Vita S. Adalberti[55]). Adalberts späterer Biograph und sein Nachfolger in der Preußenmission wie im Martyrium war Brun von Querfurt (973 oder 974—1009); seine Vita s. Adalberti hat zwei Fassungen: Die erste gibt ein sehr anschauliches und lebendiges Bild Adalberts; die zweite, spätere, ist verkürzt, doch auch um einige Nachrichten bereichert[56]).

53) Gerhardi (Augsburger Kleriker) Vita s. Oudalrici episcopi: MG SS IV 381—425. Übers.: Geschichtsschr. 31 b. WH I 257 f.; K. Haupt, D. Ulrichsvita i. d. ma. Malerei, Zs. d. Hist. Ver. f. Schwaben 61 (1955) 1—159. F. Zoepfl, D. Bistum Augsburg, Bd. I, 1955.

54) Vgl. hierzu auch J. Stegemann, Religiöse Persönlichkeiten um Otto III., Diss. Münster 1950; B. Barbatti, Archiv f. Kulturgesch. 35 (1953) 123—141.

55) (Joh. Canaparii) Vita s. Adalberti: MG SS IV 581—595. Ferner hrsg. v. A. Kolberg, Zs. f. d. Gesch. d. Ermlands 16 (1910). Übers.: Geschichtsschr. 34. WH I 47 f. u. 338 f.; M. Uhlirz, D. älteste Lebensbeschreibg. d. hl. Adalbert (Schriftenreihe d. Hist. Komm. bei d. Bayer. Akad. d. Wiss., 1) 1957; Vergleich mit d. Vita Adalberti Bruns v. Querfurt bei R. Wenskus, Stud. z. histor.-polit. Gedankenwelt Bruns v. Qu. (Mitteldt. Forschgn., 5) 1956; J. Karwasińska, Studia Źródłoznawcze 2 (1958) 41—79; P. Czaplewski, Nasza Przeszłość 6 (1957) 301—309; H. Kapiszewski, ebda. 6 (1957) 289—299.

56) Brunonis Vita s. Adalberti (Rec. I): Ausg. v. A. Bielowski, Monumenta Poloniae historica I 184 ff. Übers. bei H. G. Voigt, Brun v. Qu. 1907, 333 ff.; (Rec. II): MG SS IV 596 ff. (mit d. Abweichungen der Rec. I); ferner (mit Übers.) hrsg. v. A. Kolberg, Zs. f. d. Gesch. d. Ermlands 15 (1905). WH I 48—52. Zu Brun allg.: H. L. Mikoletzky in Festschrift d Haus-Hof- u. Staatsarchivs Wien, Bd. 1, 1949, S. 378—391; M. Plezia, Przeglad Historyczny 43 (1952) 563—570; H.-D. Kahl, Zs. f. Ostforschg. 4 (1955) 161—193 u. 360—401. R. Wenskus, ebda. 5 (1956) 524—537; M. Hellmann, Jb. f. Gesch. Osteuropas 7 (1959) 397—412. — S. auch Anm. 55.

In die Zeit Heinrichs II. fällt bereits die umfassende und vielseitige Tätigkeit des ob seiner Rechtssammlungen berühmten Bischofs Burchard von Worms (1000 bis 1025)[57]) und die des Bischofs Bernward von Hildesheim (993—1022, vorher Erzieher Ottos III.). Dessen von Thangmar, seinem ehemaligen Lehrer an der Schule in Hildesheim, verfaßte Lebensbeschreibung[58]), die z. B. auch für den großen Streit mit Mainz über das Stift Gandersheim wichtig ist, zählt zu den bedeutendsten und schönsten mittelalterlichen Werken dieser Gattung, allerdings wird ihre Abfassung durch Thangmar allein neuerdings in Frage gestellt[59]). Eine Reihe anderer Äbte und Bischöfe, deren Wirksamkeit uns geschildert ist, gehören schon überwiegend dem folgenden Abschnitte an[60]).

Auch von dem letzten Herrscher des sächsischen Hauses, Heinrich II.[61]), dem Gründer des Bistums Bamberg und späteren Heiligen[62]), gibt es Biographien, die allerdings stark hagiographische Züge aufweisen. Schon zu Heinrichs Lebzeiten oder kurz nach seinem Tode hat Bischof Adelbold von Utrecht (1010—1026) ein „Leben Kaiser Heinrichs II.“[63]) geschrieben, das inhaltlich

---

57) Vita Burchardi episcopi Wormatiensis: MG SS IV 829—846, ferner hrsg. v. H. Boos in: Quellen z. Gesch. d. Stadt Worms III 97—126. Übers. in: Wormatia scara 1925. Geschrieben von einem Wormser Kleriker, vielleicht dem Scholaster Ebbo. WH I 212. Über Burchard s. auch S. 61.

58) Thangmari vita Bernwardi: MG SS IV 757—782. Übers.: Geschichtsschr. 40. DW 5944. WH I 58 ff. F. J. Tschan, St. Bernward of Hildesheim, I—III. Notre-Dame, Ind. (USA), 1942—1952. Aufschlußreich auch die Interpretationen von W. v. d. Steinen, DA 12 (1956); G. Misch, Gesch d. Autobiographie, Bd. III, 1. 1959, S. 301—315.

59) R. Drögereit, Unsere Diözese (Hildesheim) 28 (1959) 2—46 deckt zwei verschiedene Überlieferungsschichten in der Vita Bernwardi auf und weist nach, daß in der Dresdener Handschrift nur der Teil auf Thangmar selbst zurückgeht, der bis zur Krönung der Königin Kunigunde (Herbst 1002) reicht. Der jüngere Teil gehört vermutlich der ersten Hälfte des 12. Jahrhunderts an.

60) Siehe S. 46 f.

61) Th. Schieffer, DA 8 (1951); L. Fischer, Studien um Bamberg und Heinrich II. 1954; Th. H. Graff, Beitr. z. dt. Kirchenpolitik Heinrichs II. Diss. Graz 1959.

62) Hierüber v. a. H. Günter, Kaiser Heinr. d. Heilige, 1904, S. 76 ff. und A. Weihrich, Ks. Heinr. II. als heiliger König nach d. Auffassg. der ma. Geschichtsschreibung, Diss. Frankfurt a. M. 1920; H. L. Mikoletzky, Der „fromme“ Ks. Heinrich II., MJÖG 68 (1960) 240—265.

63) Vita Heinrici II. imp. auct. Adalboldo. MG SS IV 683—695.

nur bis 1004 erhalten, bis 1012 gereicht haben soll und wesentlich auf Thietmar (s. unten) beruht. Wohl im Zusammenhang mit der Heiligsprechung Heinrichs (1146) entstand im 12. Jahrhundert die stark verherrlichende *Vita et miracula s. Heinrici Imperatoris*[64]). Sie ist als Quelle nur insofern wertvoll, als sie Urkunden über die Gründungsgeschichte des Bistums aus dem Archiv der Bamberger Kirche verwertet. Im gleichen Stil ist die dem Ende des 12. Jahrhunderts angehörende Lebensbeschreibung von Heinrichs ebenfalls (1200) heiliggesprochener Gemahlin Kunigunde verfaßt[65]).

In Heinrich II. war die jüngere, bairische Linie des liudolfinischen Hauses — nicht ohne Widerstand — zum Throne gelangt. Aber man empfand doch bald, daß er der Abstammung nach ein Vertreter des sächsischen Stammes war: am meisten in Sachsen selbst. Hierher gehört das Werk, das für den größten Teil seiner Regierung am umfangreichsten und wichtigsten ist, durch und durch ein Erzeugnis spezifisch sächsischen Geistes: die Chronik des Bischofs Thietmar von Merseburg (1009—1018, geb. 975)[66]).

Aus dem Hause der Grafen von Walbeck stammend, war Thietmar durch Verwandtschaft der hohen Aristokratie des Reiches verbunden. An der — freilich nicht vollständigen — Originalhandschrift[67]) in Dresden können wir die Arbeitsweise des Verfassers, seine Besserungen und Nachträge erkennen. Von den acht Büchern seines 1012 begonnenen,

64) Vita s. Heinrici II. imp. et miracula auct. Adalberto diac. Babenb.: MG SS IV 792—811.

65) Vita S. Kunegundae imperatricis ... et miracula auct. anon.: MG SS IV 821—824.

66) Thietmari episcopi Merseburgensis chronicon (bis 1018), Ausg. v. R. Holtzmann, MG SS. rer. Germ. N.S. 9, 1935 (Neudruck 1955), in dieser Ausg. auch die (stilistische) Überarbeitg. aus Corvey von 1120. Übers.: Geschichtsschr. 39. Nach der MG-Ausgabe hrsg. u. neu übertragen v. W. Trillmich, 1957 (Ausgew. Qu. z. Gesch. d. MA., Bd. 9). DW 5943; WH I 52—58; A. Schneider, Studien zu Thietmar v. M., Diss. Halle 1955; G. Misch, Gesch. d. Autobiographie, Bd. II, 2. 1955, S. 500ff.; M.-L. Bulst-Thiele, DA 12 (1956) 517; N. Fickermann, Jb. f. Gesch. Mittel- u. Ostdeutschlands 6 (1957) 21—76; M. Hellmann, s. S. 19, Anm. 56; P. Bogdanowicz, Nasza Przeszłość 10 (1959) 71—111.

67) Photogr. Wiedergabe der Dresdener Handschrift v. L. Schmidt, 1905.

1016 mit Benutzung der Quedlinburger Annalen umgearbeiteten Werkes behandeln die ersten vier die Zeit von Heinrich I. bis zum Tode Ottos III.; die ganze zweite Hälfte ist der Regierung Heinrichs II., des Wiederherstellers des Bistums Merseburg, gewidmet: eine lebenswarme Erzählung, höchst lehrreich in ihren anekdotenhaften Schilderungen für Kultur und Sitten jener Zeiten, nach guten Quellen und eigenen Erlebnissen, stark durchsetzt mit Erinnerungen aus der eigenen Familiengeschichte, überwiegend sächsischen Provinzialismus atmend, voll Willen zur Wahrheit und doch des Stoffes nicht ganz Herr werdend. Leider hat Thietmars Tod 1018 uns dieses Führers für den Schluß von Heinrichs Regierungszeit beraubt.

Von den bisher genannten Quellen war es eigentlich nur Reginos Fortsetzer gewesen, der den westlichen Gegenden des Reichs angehört hatte. Glücklicherweise findet sein Bericht auch von anderer Seite her Ergänzung und Fortsetzung.

Die *Bistumsgeschichte* von *Cambrai*[68]) enthält viele wertvolle Nachrichten; sie ist zwar ebenso wie die von *Lüttich*[69]) erst in der salischen Zeit niedergeschrieben, doch auch für das 10. und den Anfang des 11. Jahrhunderts auf Grund meist guter zeitgenössischer Überlieferung von Wert. Von der *Metzer* Bistumsgeschichte des Mönches Alpert[70]) ist nur ein Bruchstück erhalten (978—984); ergiebiger sind seine zwei Bücher *„Über den Wandel der Zeiten"*[71]), 1021—1024 geschrieben, für die Jahre 1012—1018; sie bieten keine eigentliche geschichtliche Erzählung, aber eine Fülle mannigfacher Einzelheiten, namentlich über lothringische Verhältnisse, die auch für die Sittengeschichte interessant sind.

Für die Vorgänge in den *Grenzgebieten* und für die vielfachen Berührungen mit dem westlichen Nachbarn sind zwei dort entstandene Quellen von Bedeutung, beide nicht fern von der Grenze am gleichen Orte, in Reims, geschrieben: Flodoard und Richer. Von Flodoard (894—966), dem Archivar der Reimser

---

68) Gesta pontificum Cameracensium s. S. 45.

69) Gesta epp. Trajectensium et Leodiensium: MG SS VII 189—234 u. XIV 108—120; s. S. 44.

70) Alperti de episcopis Mettensibus libellus: MG SS IV 697—700.

71) Alperti de diversitate temporum libri II: ebenda: 700—723. Neuere Ausg. v. A. Hulshof, 1916; WH I 185 f.

Kirche, haben wir zunächst eine durch die reiche Verwertung urkundlichen Materials — namentlich für die Zeiten der Erzbischöfe Hinkmar und Fulco — geschätzte Darstellung der *Reimser Kirchengeschichte* bis 948[72]; außerdem aber — unter teilweiser Wiederholung der Erzählung in den zeitgenössischen Partien — *Annalen*[73], welche, in schlichter Darstellung eine Fülle von Begebenheiten auch aus Deutschland und besonders Lothringen enthalten, für die Jahre 919—966. Für die zweite Hälfte des 10. Jahrhunderts ist das Werk des Mönches Richer von St. Remy zu Reims heranzuziehen[74]. Unzuverlässigkeit in vielen Einzelheiten beeinträchtigt zwar den Wert seiner bis 998 reichenden Darstellung[75], die an Hinkmars Annalen (Qk. I[6] S. 122) anknüpft, er ist aber speziell für die westfränkische Entwicklung bedeutend als einziger Berichterstatter für die Epoche des Übergangs von der karolingischen zur kapetingischen Dynastie. Sein Werk, an dessen erhaltener Originalhandschrift[76] wir noch verfolgen können, wie er selbst vielfach nachträglich seine Darstellung verändert hat, ist in der Folgezeit wenig bekannt und benutzt worden.

Geschrieben hat Richer sein Werk auf Veranlassung von Gerbert, dem Erzbischof von Reims und späteren Papst Sylvester II., einem der gefeiertsten Gelehrten seiner Zeit. Selbst ist Gerbert als Historiker nicht tätig gewesen. Aber er hat für die deutsche Geschichte doch eine große Bedeutung durch den nachhaltigen Einfluß, den er in persönlichem und literarischem Verkehr auf Otto III. schon seit dessen Minderjährigkeit ausgeübt hat. Seine zahl-

---

72) Flodoardi historia Remensis eccl. (—948): MG SS XIII 409 bis 599. Hierzu nunmehr auch G. A. Bezzola, Das Ottonische Kaisertum i. d. französ. Geschichtsschreibg. d. 10. u. beginnenden 11. Jhs. (Veröff. d. Inst. f. österr. Geschichtsforschg., 18) 1956, S. 20 ff., vgl. auch U. Turck (s. S. 36, Anm. 14).

73) Flodoardi annales (—966): MG SS III 423—490 u. Ausg. v. Ph. Lauer 1905 (Collection des textes; mit ausführlicher Einleitung). WH I 290—294. Ferner R.-H. Bautier in Mélanges L. Halphen, 1951, S. 1 ff.; H. Foerster, Schweiz. Beitr. z. allg. Gesch. 2 (1944) 143 ff.

74) Richeri historiarum libri IV MG SS. rer. Germ. i. u. sch. 51, 1877, Übers.: Geschichtsschr. 37; neue Ausg. mit franz. Übers. v. R. Latouche, 2 Bde., Paris 1930—37 (Les classiques de l'histoire de France au MA).

75) Vgl. hierzu G. A. Bezzola (s. oben, Anm. 72) S. 105 ff.

76) Schriftprobe (Lichtdruck) bei Arndt-Tangl, Schrifttafeln II[4], S. 53.

reichen *Briefe*[77]) sind als Geschichtsquelle für uns besonderer Beachtung wert.

Wir besitzen von ihm eine Sammlung von 220 Briefen (von 983—997), die sein Wirken in der Zeit der Regentschaft Adelheids und des Dynastiewechsels in Frankreich aufzeigen.

Für die Geschichte Heinrichs II. finden sich mancherlei brauchbare, aber auch sorgfältiger Kritik bedürftige Nachrichten im dritten Buche der bis 1028 reichenden Chronik (auch Historien genannt) des Ademar von Chabanes[78]), eines Priesters in Angoulême, der 1034 in Jerusalem gestorben sein soll.

Auch aus der merkwürdigen, die verschiedenartigsten Stoffe regellos zusammentragenden Arbeit des vor 1050 verstorbenen kluniazensischen Mönches Rodulfus Glaber[79]) ist bei genügender Vorsicht mancherlei für die deutsche Geschichte auch des sächsischen Zeitraums zu entnehmen[80]).

Von großer Bedeutung sollte in der Folgezeit der Geist der Klosterreform werden, der schon in den mittleren Jahrzehnten des 10. Jahrhunderts von den romanischen Grenzgebieten in Lothringen ausging[81]). In diese Bestrebungen und ihren Geist führt uns die Lebensbeschreibung eines der frühesten Vorkämpfer dieser Bewegung, des Mönches in dem (von ihm gestifteten) Kloster

---

77) Ausg. von Olleris in d. Oeuvres de G. Paris 1861: ferner v. J. Havet, Lettres de G. 1889. F. Weigle bereitet für die MG eine neue Ausgabe vor, seine Vorstudien in DA 10 (1953) 19—70; 11 (1955) 393 bis 421, sowie grundlegend 14 (1958) 149—220. WH I 295 (R. Holtzmann u. 419 ff. (Erdmann), DW 5959. Die beiden überlieferten Sammlungen sind nicht von Gerbert selbst besorgt; es handelt sich einmal um sein privates Brief- oder Registerbuch und dann um eine in Reims nach G.s Tod entstandene Sammlung, die zur Veröffentlichung gedacht war (nach Weigle). Ferner M. Uhlirz, Unters. über Inhalt u. Datierung d. Briefe Gerberts v. A. (Schriftenreihe d. Hist. Komm. bei der Bayer. Akad. d. Wiss., 2) 1957; G. A. Bezzola (s. S. 23, Anm. 72) S. 65 ff.

78) Ademari historiarum libri III: Ausg. v. G. Waitz in MG SS IV 113—148; beste Ausgabe v. J. Chavanon 1897. S. auch WH I 310 f.

79) Rodulfi Glabri historiarum libri V: Ausg. v. M. Prou. 1886; Auszüge: MG SS VII 51—72 (v. G. Waitz). WH I 302—304. H. v. Lindheim, R. Glaber. Diss. Leipzig 1941; A. Michel, HJb. 70 (1950) 53 ff., P. Rousset, Revue d'hist. de l'église de France 36 (1950) 5 ff., M. Vogelsang, Stud. Mitt. z. Gesch. d. Benediktinerordens 67 (1956) 25 ff., 277 ff.

80) Vgl. für seine Beurteilung Konrads II. Th. Schieffer, DA 8 (1950) v. a. 420 ff. u. öfter.

81) Zur Gorzer Reform s. nunmehr K. Hallinger, Gorze-Kluny. Stud. z. d. monast. Lebensformen u. Gegensätzen im Hochma. (Studia Anselmiana, 22/23) 2 Bde. 1950/51. Dazu Th. Schieffer, Archiv f. mittelrhein. Kirchengesch. 4 (1952) 24—44 u. ergänzend K. Hallinger, ebda. 9 (1957) 9—32.

Brogne, Gerhard[82]). — Eines der wichtigsten Zeugnisse für die Anfänge der Klosterreform in Lothringen ist die Vita des Abtes (960—974) Johannes von Gorze von dem ihm nahestehenden Abt Johannes von St. Arnulf in Metz[83]).

Seit Otto I. die Herrschaft über das italienische Königreich an sich gebracht und ein Jahrzehnt später durch die Erneuerung eines Kaisertums (962) den Weg betreten hat, der auf Jahrhunderte die Geschicke Deutschlands in entscheidender Weise mit den Angelegenheiten Italiens verflochten hat[84]), sind natürlich für die Tätigkeit der deutschen Könige und für die Entwicklung unseres Volkes auch mancherlei *italienische Quellen* heranzuziehen: das gilt in der sächsischen Zeit vor allen Dingen für die Zeit Ottos III.

Freilich hat sich in *Italien* die Geschichtsschreibung von dem Verfalle, in den während der ersten Hälfte des 10. Jahrhunderts in staatlichem Dasein wie in Kultur und Sitte dies Land geraten war[85]), noch nicht wieder erholt. Dürftig meistens ist nach Form und Inhalt die spärliche Überlieferung. Charakteristisch dafür ist die um das Jahr 1000 in ganz ungefüger Sprache geschriebene Chronik des Mönches Benedikt von Sant' Andrea am Berge Soracte (bis 973), wichtig namentlich in den letzten Jahrzehnten für die stadtrömischen Ereignisse[86]). Auf etwas höherer Stufe schon steht die wenig geordnete Sammlung von geschichtlich z. T. bedeutsamen Nachrichten, die wir in der *Chronik von*

---

82) Vita S. Gerardi abbatis Broniensis († 959), auctore anonymo. Wir kennen die Vita nur in einer späten Überarbeitung aus dem 11. (12.?) Jahrhundert. Hrsg. v. L. v. Heinemann in MG SS XV 655—673. S. dazu WH I 133 f.; E. Sabbé, Etude critique sur la biographie et la réforme de Gerard de B. in: Mélanges Félix Rousseau, 1958, 497—524; R. Blouard, S. Gérard de Brogne, Namur 1959; J. M. De Smet, Revue Bénédictine 70 (1960) 5—61 (dort auch weitere Arbeiten über G. v. B.).

83) MG SS IV 337—377 (unvollendet, reicht bis 956) s. P II 1399. Die Erzählung über Joh.'s Gesandtschaft zum Emir Abdurrahman nach Cordova bei W. Gundlach I 551—572, verkürzt bei Giesebrecht I^5 506—513. WH I 180 f. (Kirn); DW 5934.

84) Vgl. J. Weiser, geb. Barzel, Das Italienbild i. d. Hauptwerken d. ottonischen Geschichtsschreibung. Diss. Halle 1955.

85) Einen Einblick in die italienischen Zustände gewährt die merkwürdige Schrift des Bischofs (924—960) Atto von Vercelli: Polipticum quod appellatur perpendiculum (ed. G. Goetz 1922 — s. WH I 317 f. —), die erst durch P. E. Schramm ZSSRG Germ. Abt. 49, 1929) ihre richtige Deutung erfahren hat. R. Ordano, Attone di Vercelli. 1948.

86) Chronicon Benedicti de S. Andrea: Ausg.: MG SS III 695—719; vollst. mit Kommentar v. G. Zucchetti (Fonti per la storia d'Italia, 50) Rom 1920; WH I 336 f.

Salerno[87]) finden (bis 994), die freilich vornehmlich von den Vorgängen in den unteritalischen langobardischen Fürstentümern erzählt. Umfangreiche Aufzeichnungen aus Norditalien fehlen für diese Zeit; erst in der zweiten Hälfte des 11. Jahrhunderts entstehen die Darstellungen der Mailänder Geschichtsschreiber Arnulf und Landulf (s. S. 77), doch auch für die Zeiten Heinrichs II. sind sie nicht zu übersehen. Manches läßt sich aus sonstiger Überlieferung hinzufügen, wie aus den Versen des kaiserlich gesinnten Bischofs Leo von Vercelli zu Ehren Ottos III., Gerberts und Heinrichs II.[88]). Für das Verständnis von Ottos III. Wesen und Politik muß man auch auf die in Italien geschriebenen *Biographien* des (kalabresischen) Heiligen Nilus[89]) und des Heiligen Adalbert von Prag (s. S. 19) hinweisen. Von besonderer Wichtigkeit sind die in der Venezianischen Chronik (Chronicon Venetum bis 1008) des Diakons Johannes[90]), Kaplan des Dogen Peter II. Orseolo, überlieferten Mitteilungen, speziell über die Beziehungen der deutschen Herrscher als italienischer Gebieter zur unabhängigen Seestadt[91]).

Höchst aufschlußreich für die Zustände und Intrigen in Rom (Erhebung des Gegenpapstes Johannes XVI., Philagathos, sind die Berichte des byzantinischen Gesandten Leo (997/998)[92]).

---

87) Chronicon Salernitanum: Ausg.: MG SS III 467—561, beste Ausgabe nunmehr: Chronicon Salernitanum. Acritical edition by U. Westerbergh (Acta univ. Stockholm., Studia latina Stockholmiensia, 3). Stockholm 1956, hierzu H. Silvestre, Revue d'hist. ecclés, 54 (1959) 179—182.

88) Ausg.: MG Poetae lat. V, 477 f. u. 480 ff.

89) Vita Nili: Ausg.: Acta Sanctorum Sept. VII 283—343; Auszüge (betr. Otto III): MG SS IV 616—618. G. Giovannelli, Sull'autore della Vita di S. Nilo, Bollettino della Badia greca di Grottaferrata, N.S. 3 (1949) u. 5 (1951).

90) Ausg.: MG SS VII 4—38; hrsg. von G. Monticolo, Cronache Veneziane antichissime I. (Fonti per la storia d'Italia, 9) 1890. DW 5948, P I 666. Zur Lit. bez. Venedigs s. WH I 331 f.

91) Schmeidlers Ansicht, daß Venedig von 980—1024 unter kaiserlicher Oberherrschaft gestanden habe (MIÖG 25, 1908) ist — von der deutschen Forschung fast allgemein, z. T. auch auf italienischer Seite abgelehnt — auf Grund der Urkunden (Pacta, s. auch MG Const. I) und sonstiger Überlieferung schon HZ 99 (1907) von W. Lenel widerlegt. Auch Schmeidlers neuer Versuch (HZ 151, 1935), unter Heranziehung der inzwischen bekannt gewordenen Honorantiae civitatis Papiae, nochmals die Abhängigkeit Venedigs zu erweisen, ist von W. Lenel (HZ 152, 1935) m. E. mit Recht zurückgewiesen worden, freilich ohne Schmeidler (HZ 153, 1936) zu überzeugen. Lit.: WH I 324 (W. Holtzmann).

92) 9 Briefe, veröffentlicht von P. E. Schramm, Byzant. Zeitschr. 25 (1925). Dazu sein Aufsatz: Kaiser, Basileus und Papst in d. Zeit der Ottonen HZ 129 (1924). Leo war zu Verhandlungen über von Otto III. gewünschte Heiratspläne nach Rom gekommen.

Nimmt man zu den wichtigeren Schriften, die in dieser Übersicht kurz zusammengefaßt sind, nun noch alle die unendlich zerstreuten kleineren Aufzeichnungen historiographischer oder anderer Art[93]) hinzu, zieht man vor allem heran, was an urkundlichem Material, wie immer es geartet sein mag, gerettet ist, und macht es durch die Benutzung der auf diesem Gebiete immer neue Ergebnisse liefernden diplomatischen Methode zu einer historisch brauchbaren Quelle; fügt man schließlich hinzu, was an Briefen, Besitzaufzeichnungen und was etwa an Überresten aus jener Zeit, an Münzen und Inschriften und vor allen Dingen Bauten kirchlichen Charakters hier und da erhalten ist[94]), so gewinnt man aus der richtig verwerteten Summe dieser Hilfsmittel, unseren Quellen, den Eindruck, daß für die Zeit der Herrschaft des sächsischen Königshauses eine, wenn auch nicht gleichmäßig anschwellende, so doch im ganzen nicht zu verkennende Steigerung der Ergiebigkeit unserer Quellen und damit des Umfangs und Inhalts unserer Kenntnisse festzustellen ist.

2. Kapitel

Das Jahrhundert der salischen Herrscher[1])

(1024—1125)

Literatur:

Dahlmann-Waitz[9] S. 376—383 n. 6084—6158.

Wattenbach-Holtzmann I, Heft 3. 4. (Das Zeitalter des

---

93) Hierher gehört das im Tegernseer Codex im Original erhaltene, als literarische Schöpfung gedachte Briefbuch des Tegernseer Mönchs Froumund. Es enthält, meist von ihm — als Diktator der Tegernseer Äbte — geschrieben, (soweit datierbar) von 993—1008 persönliche Briefe, Schreiben von der Reformierung des Klosters Feuchtwangen und Korrespondenz der Tegernseer Äbte Ausg.: von K. Strecker in MG Epp. sel. III, 1925 (Die Tegernseer Briefsammlung). Lit. dazu WH I 278 ff. u. 422 f. (O. Meyer, bzw. C. Erdmann); B. Schmeidler, HJb. 62/69 (1949) 220—238.

94) Dieses Material ist natürlich in den hierher gehörigen Bänden der Jahrbücher der deutschen Geschichte verwertet und demnach dort zu finden.

1) Der uns geläufige Name der „Salier" für das fränkische Kaisergeschlecht ist erst im 14. Jahrhundert gebräuchlich geworden: s. H. Bresslau, Jahrbb. Konrads II., II, 519 f. (1884).

Investiturstreites. S. 359—856.) Dort auch ausführliche Literaturangaben[2]).
Manitius II. III.
M. Jansen u. L. Schmitz-Kallenberg², 46—57.
A. Potthast II² 1659 f.
K. Hampe — F. Baethgen, Deutsche Kaisergeschichte im Zeitalter der Salier und Staufer ¹⁰1949, 1—5.
W. Gundlach, Heldenlieder II: Der Sang vom Sachsenkrieg, 1896.
W. v. Giesebrecht II⁵, 555—581; III⁵, 1029—1064.
G. v. Wyß, 49—60.

Auch für die salische Epoche liegen die *erzählenden Geschichtsquellen* so gut wie vollständig bereits in den Monumenta Germaniae historica (MG, s. Qk. I⁶, S. 74—80) vor: in Bd. 5—12 der Abteilung Scriptores (in 2⁰), dazu Nachträge in Bd. 13—15 und vereinzelt in späteren Bänden. Für nicht wenige dieser Geschichtswerke aber, z. B. Lampert (s. S. 51), Wipo (s. S. 41), die Vita Bennonis (s. S. 50), Adam (s. S. 48 f.) u. a. m. sind nur die neueren Einzelausgaben in den SS. rer. Germ. i. u. sch. (s. Qk. I⁶, S. 75 f.) zu benutzen.

Von den salischen *Königs-* und *Kaiserurkunden*[3]) sind bisher in den MG, Abt. Diplomata erschienen:
Die Urkunden Konrads II. hrsg. v. H. Bresslau, 1909 (Neudruck 1957);
die Urkunden Heinrichs III. hrsg. v. H. Bresslau und P. Kehr, 1931 (Neudruck 1957);
die Urkunden Heinrichs IV. bearb. v. D. v. Gladiß
Teil 1: 1056—1076, 1941 (Neudruck 1953),
Teil 2: 1077—1106, 1959,
Teil 3: mit Registern in Vorbereitung;
die Ausgabe der Urkunden Heinrichs V. ist gleichfalls in Vorbereitung. Für die Zeit von 1106 ab sind also noch die Drucke in älteren oder neueren Teilsammlungen oder einzeln in Zeitschriften und Werken von mancherlei Art weithin zerstreut zu benutzen. Ihre exakte diplomatische Untersuchung, die unentbehrliche Voraussetzung für ergiebige und einwandfreie wissenschaftliche Verwertung, steht noch vielfach aus. Die Texte sind häufig veraltet und unkritisch, wenn auch, zumal für besonders

[2]) Daneben ist für das Heft 5 mit dem noch ausstehenden Schlußteil (England, Italien) einstweilen d. 6. Auflage von W. Wattenbach II zu benutzen.
[3]) Abbildungen KUiA Lief. 2 u. 4.

wichtige Urkunden und größere Urkundengruppen, neuere Einzeluntersuchungen nicht fehlen[4]).

Von I. Fr. Böhmers *Regesten* (s. Qk. I[6], S. 85 f.) ist für die salische Zeit (RI III.) bisher nur von Teil I (1024—1056) die 1. Abt. Konrad II., 1024—1039, neu bearb. v. H. Appelt u. N. v. Bischoff, 1951 erschienen. Die übrige Zeit (1039—1125) entbehrt noch immer der wegen der inzwischen gewaltig anwachsenden Zahl bekanntgewordener Urkunden und verwandter Schriftstücke unbedingt notwendigen Neubearbeitung. Wir müssen uns also an die inzwischen auch immer unzulänglicher werdende, summarische Zusammenstellung bei K. Fr. Stumpf, Reichskanzler Bd. 2, 1878 (Neudruck 1960) (s. Qk. I[6], S. 86) und die ältere Böhmersche Bearbeitung[5]) halten und uns dazu aus den „Nachrichten" und Aufsätzen des „Neuen Archivs" (NA) bzw. jetzt „Deutschen Archivs" (DA) (s. Qk. I[6], S. 86) und in den Jahrbüchern der deutschen Geschichte (s. folg. Absatz) über das inzwischen hinzugekommene Material und die Ergebnisse der diplomatischen Untersuchungen unterrichten.

Für die salische Zeit bilden die „Jahrbücher der Deutschen Geschichte" eine vortreffliche Grundlage, schon wegen der umfassenden kritischen Berücksichtigung und Verwertung der Urkunden und des publizistischen Materials:
für Konrad II. (1024—1039) von H. Bresslau, 2 Bde. 1879. 1884;
für Heinrich III. von E. Steindorff, 2 Bde. 1874. 1881;
für Heinrich IV. und Heinrich V. von G. Meyer von Knonau, 7 Bde. 1890—1909.

Dazu kommen dann in vielen Urkundenbüchern und Einzelveröffentlichungen alter und neuer Zeit in noch weit höherem Grade zerstreut die allmählich in dieser Zeit beachtenswert anwachsenden Aufzeichnungen urkundlichen Charakters, die von geistlichen oder weltlichen Großen ausgehen.

Die territorialen Urkunden- und Regestensammlungen sind bei DW[9] S. 78—90 verzeichnet, die landesgeschichtlichen Bibliographien DW[9] S. 54 ff. siehe auch die Jahresberichte f. deutsche Geschichte und besonders die jährlichen Zusammenstellungen in den landesgeschichtlichen Zeitschriften[6]).

---

[4]) Vgl. hierzu F. Hausmann, Reichskanzlei u. Hofkapelle unter Heinrich V. u. Konrad III. (Schriften der MG, 14) 1956.

[5]) Regesta regnum . . . a Conrado usque ad Heinricum VII. 1831 s. Qk. I[6], S. 86.

[6]) Auch in manchen darstellenden Werken finden sich — je nach dem Thema — Zusammenstellungen von Regesten.

Wir besitzen von Konrad II. etwa 280 echte Urkunden (davon 151 Originale) und 13 unechte Stücke (spuria). Von Heinrich III. haben wir etwa 370 Stücke (davon etwa drei Dutzend nicht echte), von Heinrich IV. etwa 500, von Heinrich V. etwa 230. Doch sind von den Urkunden sicherlich, besonders von denen Heinrichs IV., viele verloren, aus manchen seiner späteren Jahre haben sich nur noch wenige erhalten. Die Urkunden sind zum großen Teil Bestätigungen von Diplomen früherer Herrscher über Schutz, Besitz, Immunitäten, Gerechtsame aller Art, unter Konrad II. auch in großer Zahl für Italien. Neu hinzu kommen dann Schenkungen und Verleihungen, doch wenig Immunitäten, wohl aber unter Heinrich III. und IV. bereits Verleihung von Marktrecht, Zollfreiheit, Münzrecht, Waldgerechtigkeiten u. dgl. Die Politik der Herrscher vollzieht sich also weitgehend in Einzelabmachungen und Einzelverleihungen in der Form der Urkunden. Aus der Summe der erhaltenen Urkunden[7]), nicht nur derjenigen der Herrscher allein, erschließt sich uns weitgehend erst das Verständnis für die allmähliche Wandlung der politischen Machtverhältnisse wie auch der wirtschaftlichen und sozialen Zustände.

Neben die Urkunden (Diplomata) treten nun auch *Mandate* und formlosere *Aufzeichnungen*, die für uns wertvoll sind.

Dahin gehört eine Zusammenstellung der *finanziellen Ansprüche der königlichen Kammer von Pavia* an Zöllen und Abgaben, die offenbar für amtliche Zwecke, vielleicht zur Unterrichtung Konrads II., in dessen Anfängen aufgezeichnet wurde[8]). Über das Tafelgüterverzeichnis des Römischen Königs s. S. 90.

Auch unter den Saliern gibt es noch nicht wieder eine *Reichsgesetzgebung* wie einst unter den Karolingern[9]). Erst in die letzten Jahrzehnte fallen Bestrebungen zur Herstellung des Landfriedens. Staatsverträge und Bündnisse kommen nicht vor. Was an politischen Kundgebungen in Akten aus dem ganzen Jahrhundert in Bd. I der *Constitutiones et acta imperii* (MG LL

---

[7]) Über den Begriff der Urkunde s. Qk. I⁶, S. 48.

[8]) Ausg.: von A. Hofmeister in MG SS 30, 1444 ff. als Instituta regalia et ministerialia camerae regum Langobardorum et Honorantiae civitatis Papiae, s. W. Holtzmann in WH I 325, Inhalt bei W. Lenel, HZ 149 (1934) 75—82.

[9]) Vgl. C. G. Mor, Dai „Capitularia" alle „Constitutiones", Archivio Giuridico 154 (1958) 73—88.

sect. IV) zusammengebracht werden könnte, ist gering an Zahl und umfaßt außer Erlassen über Regelung der Lebensverhältnisse usw. vornehmlich Synodalbeschlüsse, die meist zugleich kirchlicher und politischer Art sind, dazu die verschiedenen Vereinbarungen mit der Kurie und ihren Anhängern aus der Zeit des Investiturstreits bis zum Wormser Konkordat. Die in Briefform ergangenen politischen Kundgebungen, namentlich Heinrichs IV., die uns zum Teil durch Aufnahme in zeitgenössische Geschichtswerke erhalten sind, sind ebenfalls hier aufgenommen.

Überhaupt gewinnen für diese Zeit *Briefe* politischen Inhalts eine besondere Bedeutung als Quellen: unter ihnen vor allem das Registrum Gregorii VII. (s. S. 59) und einige Briefsammlungen, die zum Teil nunmehr in den *Briefen der deutschen Kaiserzeit* der MG veröffentlicht sind (s. S. 37ff.). Sofern solche Briefe auf unmittelbare Wirkung in mehr oder weniger breiten Kreisen berechnet waren und publizistischen Charakter tragen, sind sie mit den eigentlichen Streitschriften als *Libelli de lite imperatorum et pontificum* (s. Qk. I^6, S. 76f. und weiterhin S. 62) in drei Quart-Bänden der MG herausgegeben.

Eine Zusammenstellung der *päpstlichen Urkunden und Kundgebungen* hat zuerst Ph. Jaffé in den Regesta Pontificium Romanorum bis 1198 gegeben, 2. Aufl. (v. Löwenfeld, Kaltenbrunner, Ewald), 2 Bde. 1885—88[10]). Dazu ergänzend Germania Pontificia und Italia Pontificia (s. Qk. I^6 S. 87)[11]).

Für die Periode der *fränkischen* oder *salischen* Kaiser zeigt die erzählende Überlieferung in mehrfacher Hinsicht erhebliche Unterschiede gegenüber der sächsischen Zeit. Einmal hinsichtlich des Umfangs: für Konrads II. und Heinrichs III. Zeit nach mancher Richtung noch knapp und lückenhaft, wird sie doch zusehends reichhaltiger und ausführlicher. Es entstehen zahlreichere und größere Annalen und Chroniken, die auch auf die Vergangenheit zurückgreifen und daher nicht selten wertvolle Bewahrer zeitgenössischer und sonst verlorener Überlieferung sind (s. S. 33); aber ihr Schwerpunkt liegt doch in der Schilderung der von den Verfassern selbst erlebten Zeiten. Sie zeigen

---

[10]) Sie werden, je nach dem Anteil des Neubearbeiters, mit den Siglen: JL, JK, JE und der betr. Nummer zitiert.

[11]) Siehe auch für Papst Johannes XIX. (1024—32) das chronologische Verzeichnis seiner Urk. von L. Santifaller u. a., Römische Histor. Mitteilgn. Heft 1 (1956/57) 35—76.

wachsenden Stoffreichtum und erheben sich zum Teil zu eingehender Darstellung, so daß die annalistische Form nur äußerlich gewahrt ist. Zugleich aber wandeln sie sich dem Inhalte nach. Dieses Jahrhundert deutscher Geschichte ist erfüllt von großen, erschütternden Machtkämpfen, schiksalsvollen, zukunftsschwangeren Begebenheiten. Dies wirkt sich auch in der Geschichtsschreibung aus. Das Interesse für die zeitgenössischen Ereignisse ist gewachsen. Die politischen Angelegenheiten, das vornehmste Gebiet der Geschichtsschreibung, rücken in den Vordergrund. Große, leidenschaftliche Streitfragen, nationale und kirchliche, zu denen der Einzelne Stellung nehmen muß, gewähren würdigen Inhalt für Aufzeichnung der Erlebnisse. Mit Urkunden, Akten, Briefen aus den kirchlichen Archiven sucht man vielfach die Darstellung und das eigene Urteil zu begründen. Auch jetzt liegt die Überlieferung noch ganz in geistlichen Händen. Die Bischöfe spielen vielfach eine politische Rolle. Bereits seit der Romfahrt Heinrichs III., vollends seit dem offenen Ausbruch des Investiturstreits stehen neben der Opposition der Stämme, namentlich in Sachsen, die großen Fragen über die Grenzen weltlicher und geistlicher Macht im Vordergrunde des Interesses, des Kampfes und damit auch der Geschichtsschreibung, sowohl in ausführlichen Erzählungen als auch in kurzen aneinandergereihten Notizen.

Mit dem Wechsel der herrschenden Dynastie ändert sich auch die räumliche Verteilung der Überlieferung. Sie war im vorhergehenden Jahrhundert bis auf Thietmar hin überwiegend sächsischen Ursprungs gewesen und hatte auch einen spezifisch sächsischen Charakter getragen. Nach der Erhebung Konrads II. rückt der Schwerpunkt zunächst für ein halbes Jahrhundert in die rheinischen und süddeutschen Gegenden. Und wie in Sachsen, so entstehen auch hier, neu oder in Fortsetzungen, Bistums- und Klostergeschichten oder Biographien hervorragender Bischöfe und Äbte, die zugleich in Kirche und Staat eine bedeutende Rolle gespielt haben: diese Männer sind großenteils durch die königliche Kapelle und Kanzlei, die eigentliche Regierungsbehörde, hindurchgegangen; unwillkürlich wird dadurch auch der

Charakter dieser Lebensbeschreibungen beeinflußt, politische Vorgänge kommen mehr als bisher zu ihrem Recht. Auch in den Bistums- und Klostergeschichten und in sonstigen Aufzeichnungen lokalen Charakters haben wichtige Ereignisse aus entfernteren Gegenden, auch von jenseits der Alpen, vielfach Erwähnung gefunden. Das salische Königtum hat von Anfang an jeden stammesherzoglichen Charakter abgestreift. Es steht im Mittelpunkt der Reichsgeschichte, und so werden auch die geschichtlichen Darstellungen teils bewußt, teils unbewußt oft zu wirklicher Reichsgeschichte. Die Verfasser sind nicht hohe, leitende Beamte, aber sie stehen doch, selbst wenn sie im Kloster leben, den Ereignissen oder ihren Helden vielfach nahe. Zumal seit dem Investiturstreit werden auch die Klöster von den großen Gegensätzen unmittelbar berührt, in die Parteinahme hineingezogen: man sucht und erhält auch hier durch rege Verbindungen Kunde von wichtigen Begebenheiten.

Die Überlieferung ist nicht auf die südlichen und westlichen Reichsteile beschränkt. Auch in Sachsen hat die Annalistik wichtige Fortführungen gefunden. Freilich ist sie gerade hier zum großen Teil nicht unmittelbar, sondern erst in Werken, deren Abfassung um mehrere Generationen später, in das 12. Jahrhundert, fällt, erhalten: so in den Aufzeichnungen aus Pöhlde, Pegau, Magdeburg, Erfurt, Stade, Köln usw. (s. weiterhin S. 93—112). Auch sonst sind Aufzeichnungen, die in der staufischen Zeit erst entstanden sind und diese in der Hauptsache behandeln, zugleich Quellen namentlich für die letzten Jahrzehnte der salischen Epoche (z. B. Otto von Freising, s. S. 99). Dabei stellt die vielfache Vermischung älterer Vorlagen der Quellenkritik wichtige und schwierige, im einzelnen immer noch vielfach umstrittene Aufgaben, um die wirklich primären Elemente auszusondern und Zeit und Ort ihrer Entstehung sowie ihren Quellenwert festzustellen.

In den siebziger Jahren des 11. Jahrhunderts setzte von Sachsen her der große Kampf gegen das Königtum ein, der, bald auf die süddeutschen Gebiete übergreifend, durch den längst herannahenden Konflikt mit dem Papsttum zum Existenzkampf für das Königtum um Krongewalt und Reichseinheit geworden ist und ein halbes Jahrhundert hindurch in wechselnden Phasen das Imperium in allen Teilen in Mitleidenschaft gezogen hat.

Für die geschichtliche Überlieferung gewinnt dieser große Kampf besondere Bedeutung. Freunde und Feinde des Königtums und des Kaisertums haben ihre Sache nicht nur mit dem Schwerte ausgefochten, sondern das Recht der eigenen Stellung, das Unrecht des Gegners mit der Feder zu erweisen versucht. Kühle, unparteiische Schilderung ward selbst in der Klosterzelle fast zur Unmöglichkeit. Die Leidenschaftlichkeit des Kampfes tritt meist unverhüllt zutage. Die Überlieferung wird tendenziös, zum Teil bis zu arger und bewußter Entstellung. Daraus erwächst der Quellenkritik die Aufgabe, die Glaubwürdigkeit der von Parteiinteressen beeinflußten Darstellungen festzustellen und ihre Verwertung für die Forschung zu ermöglichen. Gerade der Wert der wichtigsten und ausführlichsten Werke wird neuerdings vielfach anders beurteilt, zum Teil ist er noch lebhaft umstritten.

Nicht selten finden wir auch, daß ein Wechsel der Parteistellung den Verfasser zu Überarbeitungen in gegensätzlicher Auffassung (so z. B. Ekkehard von Aura, S. 74) veranlaßte.

Nicht nur die Erinnerung an die großen Kämpfe sollte in bestimmter Auffassung festgehalten und der Nachwelt überliefert werden. Die literarische Tätigkeit tritt auch unmittelbar in den Dienst der kämpfenden Parteien: sie soll die eigene Parteinahme rechtfertigen, die Gegner teils überzeugen, teils ins Unrecht setzen. Die Häupter der Parteien, Kaiser und Papst selbst greifen literarisch in diesen Kampf ein — etwas völlig Neues auch für den Charakter der Überlieferung; und diese Kundgebungen und Briefe an Freunde und Gegner werden zum Teil sogleich vervielfältigt und damit veröffentlicht[12]). Sie wollen keine Ge-

---

12) C. Erdmann, Die Anfänge der staatlichen Propaganda im Investiturstreit. HZ 154 (1936) 491—512.

schichtserzählung geben, aber sie enthalten eine Fülle historisch bedeutsamer Momente oder Nachrichten. Dem Beispiel der gekrönten Häupter folgen die Anhänger. Diese Schreiben und Traktate, zum Teil höchst umfangreich, werden vielfach zu gelehrten theologischen Deduktionen, die uns mit kanonistischer Begründung und scholastischer Beweisführung, oft in schwerverständlicher Form, vielfach in charakteristischen und lehrreichen Ausführungen, in Poesie und in Prosa, in die prinzipiellen Gegensätze einführen. Schon in der Zeit der Humanisten und in den literarischen Kämpfen der Reformationszeit hat man den Wert dieser Schriften geahnt und sie für den eigenen Streit nutzbar zu machen gesucht (s. Qk. I^6, S. 27). Aber erst um die Jahrhundertwende hat man begonnen, sie durch eingehende Untersuchungen der einzelnen Schriften wie auch in ihrer Gesamtheit als historische Quellen zu erschließen. Gerade die wichtigsten dieser Schriften sind zum Teil ohne Angabe von Herkunft und Verfasser übermittelt; andere wieder sind, so wie wir sie kennen, aus verschiedenen Teilen im Laufe des Kampfes entstanden, vornehmlich natürlich in Deutschland und in Italien. Doch auch in Frankreich und England nimmt die Publizistik zur Investiturfrage Stellung. Unter dem theologischen Gewande leiden die individuellen Züge, und die Bezugnahme auf konkrete Vorgänge ist oft undeutlich. Erst seit sie in den drei Bänden der Libelli de lite (s. Qk. I^6, S. 76 und II^5, S. 31) gesammelt sind, läßt sich diese ganze Quellengruppe nach ihrer Bedeutung verwerten.

Die Erweiterung des geschichtlichen Schauplatzes, die für Deutschland bereits unter den Ottonen begonnen hatte und nun unter den Saliern durch den Erwerb Burgunds und die zunehmende Verflechtung mit den Geschicken Italiens und des Papsttums zum Ausdruck und zum Bewußtsein auch der Zeitgenossen kam, hat natürlich das Bedürfnis nach universalhistorischer Betrachtung im Sinne jener Zeiten geweckt. So entstehen nun auch in Deutschland wieder allgemeine oder *Weltchroniken*[13]). Eigentlicher Quellenwert kommt

[13]) Über Begriff u. Entwicklung der Weltchronik, s. Qk. I^6, S. 38 f.

diesen Werken, abgesehen von gelegentlicher Bewahrung sonst verlorener Überlieferung für frühere Zeiten, nur für die eigene Zeit der Verfasser oder etwa für die letzten Jahrzehnte zu. Und da sind es im wesentlichen auch nur Vorgänge innerhalb des Imperiums, die der Gesichtskreis und die Kunde des Verfassers erreicht.

Seit von den Tagen Heinrichs III. an die Verbindung der deutschen Politik mit der Kurie, bald freilich im feindlichen Gegensatze, immer enger wird, und zumal seit der Kampf um die Stellung des deutschen Königtums zum guten Teil auf italienischem Boden ausgefochten wird, müssen in steigendem Maße auch in *Italien* entstandene Quellen für das Verständnis der deutschen Geschichte herangezogen werden.

Andererseits berichten auch Quellen aus Böhmen und Polen sowie aus den westlichen Ländern, vor allem aus Frankreich und England, über manche wesentlichen Ereignisse; zudem sind sie wegen ihrer oftmals völlig andersartigen Einstellung zum Reich und zur Reichspolitik aufschlußreich[14]). Auch manches Geschichtswerk aus Byzanz bringt bemerkenswerte Einzelheiten, besonders im Hinblick auf die Beziehungen zwischen den beiden Kaiserreichen.

Allgemein hat die Bildung durch die rege Pflege der Studien in den Dom- und Klosterschulen große Fortschritte gemacht. Die ganze geschichtliche Überlieferung der Zeit legt davon Zeugnis ab. Auch die Herrscher selbst sind bemüht, Bildung und Wissenschaft zu fördern. So war Heinrich III. wegen seiner Bildung und seiner wissenschaftlichen Interessen sehr geschätzt. Er stand mit dem Abt Bern von Reichenau[15]) in literarischem Verkehr und nahm unter anderen den lombardischen Gelehrten Anselm von Besate, der ihm seine um 1050 geschriebene „*Rhetorimachia*"

---

[14]) Vgl. U. Turck, Das Bild d. Deutschen u. d. dt. Gesch. von 843 bis 1152 i. d. zeitgenössischen französischen Historiographie. Diss. Bonn 1955.

[15]) Bern stand auch schon in Beziehungen zur Hofkapelle Heinrichs II.; A. Duch, Zs. f. Kirchengesch. 53 (1934); WH I 228 f., 424; B. de Vregille, Revue du moyen-âge latin 2 (1946) 261—268; C. Erdmann, Bern v. R. u. Heinrich III. in: ders., Forschgn. z. polit. Ideenwelt des Frühma.s, 1951; F.-J. Schmale, Zu d. Briefen Berns v. R., Zs. f. Kirchengesch. 68 (1956) 69—95.

widmete, in seine Hofkapelle auf[16]). Bemerkenswert ist auch die neuerdings vertretene Ansicht, daß der vermutlich nach 1043 verfaßte lateinische Versroman *„Ruodlieb"* eine für Heinrich III. bestimmte Hofdichtung gewesen sei[17]).

Die lateinische Sprache, an den Klassikern geschult, wird immer vollkommener beherrscht in Wortschatz, Grammatik und Stilistik. Sie wird zu einer lebendigen Sprache, ist die Umgangssprache der Geistlichen und die Geschäftssprache der Kanzleien. Viele Ausdrücke und Redewendungen, Zitate und ganze Sätze werden nach wie vor den klassischen Mustern entlehnt, doch gewinnen nunmehr nicht wenige Wörter eine besondere, veränderte und für das Mittelalter spezifische Bedeutung[18]).

Von wachsendem Quellenwert durch Zahl und Inhalt werden in dieser Periode, besonders seit den Tagen Heinrichs IV., und dann seit dem Ausbruch des großen kirchenpolitischen Kampfes die erhaltenen *Briefe*[19]), die zunehmend mit politischem Inhalt gefüllt sind. Sie gehören zum Teil in das Gebiet der Publizistik (offene Briefe). Viele sind einzeln oder in Gruppen in erzählende Quellen eingerückt. Daneben ist uns eine Anzahl wertvoller *Briefsammlungen* erhalten. Von ihnen sind zu erwähnen:

1. Der auf Abt Ellinger zurückgehende 2. u. 3. Teil des *Tegernseer Codex*[20]), der Briefe aus seinen Abtzeiten (1017 bis 1026 u. 1031—1041) und auch solche seiner Nachfolger enthält, die vielleicht auch von ihm verfaßt und geschrieben sind. In der uns vorliegenden Originalhandschrift sind sie wohl nach seinem

16) Ausg. von K. Manitius, MG Quellen z. Geistesgesch. d. MA. Bd. 2, 1958 (mit Lit.); WH I 13; G. Misch, Gesch. d. Autobiographie, Bd. II, 2. 1955, S. 404 ff.; H. Beumann, s. S. 12, Anm. 24.

17) Diese These vertritt K. Hauck, Heinr. III. u. d. Ruodlieb, Beitr. z. Gesch. d. dt. Sprache u. Lit. 70 (1948) 372—419. Ausg. m. Übers. bei K. Langosch, Waltharius, Ruodlieb, Märchenepen, 1956, S. 85—215; Ausg. mit engl. Übers. von E. H. Zeydel: Ruodlieb. The earliest courtly novel. 1959.

18) Vgl. hierzu u. a.: W. Stach, Wort u. Bedeutung im ma. Latein, DA 9 (1952) 332—352; E. R. Curtius, Europ. Lit. u. lateinisches MA, 2. Aufl. 1954; W. v. d. Steinen, Das ma. Latein als histor. Phänomen, Schweiz. Zs. f. Gesch. 7 (1957) 1—27.

19) „Die *Briefe* Heinrichs IV." [42, davon 4 Originale erhalten] hat C. Erdmann in MG, Deutsches Mittelalter, Bd. 1, 1937 herausgegeben; Übers. v. K. Langosch (ausführl. Einltg.) Geschschr. 98, 1954.

20) S. vorher S. 27, Anm. 93.

Tode (1056, bis dahin lebte er im Kloster) redaktioneller Bearbeitung unterzogen worden[21]).

2. Die sog. *ältere Wormser Briefsammlung*[22]), in der Hauptsache Briefe von Lehrern und Schülern der Wormser Domschule, darunter Schulwettstreitsbriefe mit der Würzburger Schule, alle echt, nicht fingiert. Daneben auch eine ganze Anzahl von Briefen politischen Inhalts, u. a. die Korrespondenz des Bischofs (1025 bis 1044) Azecho. Das erhaltene (Ur-)Exemplar kam bald nach Lorsch. Zusammengestellt ist die Sammlung wohl als Musterbuch für Übungszwecke von Wormser Domscholastern.

3. Die Briefsammlung Meinhards von Bamberg[23]): 66 oder 68 Stücke, die zum Teil einer in Hannover befindlichen Sammlung angehören, teils 1930 von C. Erdmann in Paris gefunden wurden. Meinhard war (seit 1057) Domscholaster in Bamberg, von 1085 bis 1088 (seinem Tode) von Heinrich IV. ernannter Gegenbischof in Würzburg. Er ist der Verfasser (Dictator) der von Ende der fünfziger bis in die Mitte der siebenziger Jahre gehörigen Briefe, auch wenn er nicht der Absender ist[24]).

4. Die *Hildesheimer Sammlung*[23]), 60 Briefe aus den Jahren 1065—1085 ebenfalls in der Hannoverschen Sammlung. Sie enthält abgegangene und eingegangene Stücke und noch andere Bestandteile. Von einem Teil durfte der Domscholaster (1072 bis 1085) Bernhard der Verfasser sein; wichtig ist besonders der Briefwechsel des Bischofs Hezilo (1054—1079)[25]).

5. Der *Codex Udalrici*[26]): Im Jahre 1125 hat der Bamberger Domkustos Udalrich dem Bischof Gebhard von Würzburg eine Sammlung von 379 Schriftstücken, vornehmlich Urkunden und Briefen überreicht. Die Urkunden, meist zu Formularen umge-

---

21) Ausg.: v. K. Strecker, MG Epp. sel. III. 1925 Lit.: Schmeidler NA 46 (1926) u. ders., Abt Ellinger v. Tegernsee, 1937, WH I 423.

22) Ausg. von W. Bulst, MG Epp., Die Briefe der deutschen Kaiserzeit, Bd. 3. 1949. DW 6150. WH I 425 f.

23) Ausgabe beider Sammlungen in: MG Epp., Die Briefe d. dt. Kaiserzeit, Bd. 5: Briefsammlungen der Zeit Heinrichs IV., bearb. v. C. Erdmann u. N. Fickermann, 1950. WH I 426—428.

24) Kommentar hierzu: C. Erdmann, Studien z. Briefliteratur des 11. Jhs. (Schriften der MG, Bd. 1) 1938 (Neudruck 1952) S. 24—116.

25) Kommentar hierzu: ebda., S. 24—47.

26) Ausg.: Jaffé, Bibl. rer. Germ. V 17—469; daneben ist die Ausg. von J. G. Eccard, Corpus historicum medii aevi II, 1723 heranzuziehen, die die handschriftliche Reihenfolge bietet; Jaffé ist jedoch textlich besser. Lit. siehe C. Erdmann in WH I 439—442.

staltet, verteilen sich über die Zeit von 645—1125, die Briefe auf die Jahre von 1054—1125. Sie entstammen zum größten Teile dem Bamberger Archiv, wohin sie teils ursprünglich gehörten teils durch Besitzerwerbungen oder in Abschriften gelangt waren. Ein Nachtrag enthält 45 Briefe aus der Zeit von 1125—1134.

Für sehr viele Briefe haben wir auch Überlieferung an anderer Stelle. Die Sammlung enthält durchgehend Stücke von politischem Inhalt und politischer Bedeutung. Begreiflich, daß man sich mit der Frage nach ihrer Entstehung von verschiedensten Seiten beschäftigt hat. Die Meinungen darüber gehen noch stark auseinander, z. B. ob in der Hauptsache Briefbücher königlicher Notare (Schmeidler), ob Benutzung eines Reichs- (Regierungs-) Archivs (H. Hirsch) anzunehmen sind oder ob wir die Abschrift aus einem registerartigen Briefbuch der Reichskanzlei darin zu sehen haben (Zatschek).

Erdmann will den CU als für Lehrzwecke an der Bamberger Domschule angelegt wissen, zumal hier die künftigen Notare ausgebildet wurden (ähnlich auch Pivec). Koller[27]) hat neuerdings die Echtheit zumindest eines Teils der Briefe bezweifelt und sieht darin die Reste einer fingierten Briefsammlung. F.-J. Schmale betont den nur sekundären Quellencharakter des CU und hat weitere Stücke als Fiktionen erwiesen[28]). Bei der Benützung des CU ist also größte Vorsicht geboten. Eine kritische Neuausgabe ist unbedingt erforderlich. Beachtenswert ist, daß manche an anderer Überlieferung kontrollierbaren Stücke formale, aber auch sachliche Änderungen zeigen (z. B. das Wormser Konkordat). Das letzte Wort dürfte in dieser Frage noch nicht gesprochen sein.

Eine Gruppe aus den *Briefen* Berengars von Tours († 1088), gleichfalls in der erwähnten Hannoverschen Sammlung überliefert, ist besonders für die kirchengeschichtliche Forschung wertvoll[29]).

Wenden wir uns nun den erzählenden Quellen der Zeit Konrads II. zu.

---

27) H. Koller, Zur Echtheitsfrage des CU., Anzeiger d. Phil.-Hist. Klasse d. Österr. Akad. d. Wiss. 89 (1952) Nr. 25, 402—419; ferner F. Hausmann, MIÖG 58 (1950) 68—96.

28) F.-J. Schmale, Fiktionen im CU., Zs. f. bayer. Landesgesch. 20 (1957) 437—474. Siehe auch N. Höing, Arch. f. Diplomatik 2 (1956) 125 bis 249.

29) Ausg. siehe S. 38, Anm. 23, Briefe Nrr. H 82—104. WH I 421 f. O. Capitani, Studi Gregoriani 5 (1956) 19—31, ferner ders., Studi per Berengario di Tours, Bull. dell'Ist. stor. Italiano 69 (1957) 67—173.

Die verlorene *„Schwäbische Weltchronik“ (Chronikon Suevicum universale)* oder *„Reichenauer Welt- und Reichschronik“*[30]) wurde von einem unbekannten Mönch unter Konrad II. in dem reichen und blühenden[31]) Kloster Reichenau im Untersee verfaßt. Etwa von Christi Geburt an bis 1040 (oder 1044) reichend, gehaltvoll für die letzten Jahrzehnte, ist sie alsbald vielfach ausgeschrieben worden, besonders von Wipo (s. S. 41), Hermann von Reichenau (s. S. 42), in einem in St. Gallen verfaßten und mit Zusätzen versehenen Auszug *(Epitome Sangallensis*[32]) und über diesen in den Würzburger Annalen *(Chronicon Wirziburgense,* s. S. 42).

Diese allmählich (von Steindorff, Harttung, Bresslau) gewonnene Erkenntnis wurde von J. R. Dietrich[33]) angegriffen. Er wollte in der verlorenen Chronik eine große Kompilation, „das Handexemplar“ Hermanns v. Reichenau sehen, der dann daraufhin die *Epitome Sangallensis* und seine Chronik sowie ein ebenfalls verlorenes (aber in Wirklichkeit überhaupt nicht zu erweisendes) Werk über die Gesta Konrads II. und Heinrichs III. verfaßt habe. Auf berechtigten Widerspruch hin (s. NA 25, 26, 27) hat er das „Handexemplar“ fallen lassen, aber Hermann nun auch die Vorlage der Würzburger Chronik zugeschrieben (Streitfragen der Schrift- und Quellenkunde 1900). Die Richtigkeit der älteren Anschauung hat zuletzt R. Holtzmann erhärtet und vertieft[34]).

---

30) Bresslau hatte die Entstehung dieses verlorenen Werks zunächst in St. Gallen oder Reichenau gesucht; R. Holtzmann (NA 35) hat Reichenau als Entstehungsort wohl endgültig festgestellt. — Die ältere Bezeichnung (Chron. suev. univ.) hat Bresslau daher neuerdings (Wipo-Ausg. 3. Aufl., S. XXIII) durch „Reichenauer Welt- und Reichschronik“ ersetzt WH I 229ff. (G. Tangl).

31) Es war besonders unter Abt Bern (1000—1048) eine eifrige und erfolgreiche Pflegestätte kirchlicher und literarischer Bildung; über Berns Briefe s. S. 36.

32) Zuerst 1529 nach einer jetzt verschollenen Handschrift von Sichard als Chronik Hermanns von Reichenau gedruckt, ist sie für die Jahre 768 bis 1043 als *Chron. suev. univ.* MG SS XIII, 63—72 herausgegeben; doch ist es richtiger, diesen Namen nur auf das verlorene Werk anzuwenden und den Sankt Gallener Auszug als Epitome Sangallensis zu bezeichnen. Übers. (Auszüge) in Geschschr. 41; DW 6091.

33) D. Geschichtsquellen d. Klosters Reichenau, 1897.

34) Wipo u. d. schwäb. Weltchronik, NA 35 (1910).

Wipo (alemannischer Burgunder, Mitglied der Hofkapelle unter Konrad II. und wohl auch unter Heinrich III., vermutlich kurz nach 1046 gestorben) hat uns in seinen *Gesta Chuonradi II imperatoris*[35]) die wertvollste, erzählende Quelle für die Persönlichkeit und die Taten dieses kraftvollen Herrschers gegeben. Nach Konrads Tod zwischen 1039 und 1046 ausgearbeitet, wurde sie bald nach Heinrichs III. Kaiserkrönung leicht überarbeitet und mit Zusätzen, die Heinrich (bis 1039) betreffen, versehen; zu der beabsichtigten Fortsetzung für die Regierung Heinrichs ist Wipo nicht mehr gekommen. Die knappe aber lebendige Darstellung ist nicht frei von Unrichtigkeiten und höfischen Rücksichten, aber im ganzen zuverlässig und wahrheitsliebend. Sie beschränkt sich zumeist auf den äußerlichen Verlauf der Ereignisse, versucht keine Begründungen oder Betrachtungen und ist auch von hierarchischen Gedanken frei. Wipos Werk kann als Beispiel für die Weltanschauung des Mittelalters angesehen werden. Er beginnt mit einer ausführlichen Schilderung der Königswahl[36]) und erzählt vom Umritt im Reiche, von den Konflikten Konrads mit dem Stiefsohn, Herzog Ernst von Schwaben, den Kriegen mit Slawen, Polen und Ungarn, den Zügen nach Italien und der Erwerbung Burgunds.

Einzelschilderungen vom Winterfeldzug nach Burgund (1033) und vom Zuge gegen die Liutizen sind verloren. Erhalten aber sind hübsche, gereimte Denksprüche *(Proverbia)* für Heinrich III. und der *Tetralogus* (326 Hexameter, z. T. gereimt, Mahnungen an Heinrich III.). Eine von Wipo verfaßte Ostersequenz *(„Victimae paschali")* wird noch heute in der katholischen Kirche gesungen.

35) Wipos Werk ist im Mittelalter wenig, seit Ende des 12. Jahrhunderts gar nicht mehr erwähnt, erst wieder vereinzelt im 15. Jahrhundert; erste Ausgabe 1607. Jetzt ist nur die neueste Ausg. (3. A.) aller Werke W. (Wiponis Opera) von H. Bresslau in MG SS. rer. Germ. i. u. sch. 61, 1915 (Neudruck 1956) zu benutzen; Übers. (nach der 2. A.) in Geschschr. 41. DW 6084. WH I 76—80; H. Beumann in: Aus Gesch. u. Landeskunde. Festschrift F. Steinbach 1960, S. 11—36.

36) Darauf beruht die Schilderung von Ludwig Uhland im „Ernst von Schwaben". Zur Wahl: M. Lintzel in Festschrift E. E. Stengel 1952, S. 289—300.

Hermann von Reichenau (1013—1054), aus schwäbischem Grafengeschlecht, Mönch in Reichenau, von Jugend auf gichtbrüchig und körperbehindert (daher *Contractus*, der Gelähmte), gefeiert als Lehrer, Dichter und Musiker und wegen seiner mathematischen und astronomischen Kenntnisse geschätzt, hat eine kurze, bald als Kompendium sehr beliebte *(Welt-)Chronik* geschrieben, die für die Regierung Konrads II. vornehmlich auf der verlorenen Reichenauer Chronik beruht, für die Zeiten Heinrichs III. (bis 1054 reichend) aber selbständig und wertvoll ist[37]).

Von den vielen *annalistischen Aufzeichnungen* aus der ersten Hälfte der salischen Epoche bieten die meisten nur knappe Notizen. In wesentlichen Stücken sind sie zudem aus umfangreicheren Vorlagen abgeschrieben oder zusammengesetzt; selbständige Teile finden sich meist nur in einzelnen Zusätzen vor allem lokalen Charakters.

1. Annalen aus *St. Gallen:* für 1025—1039 aus der verlorenen Schwäbischen Weltchronik (s. S. 40), von 1040—1044 selbständig, dann abbrechend[38]).

2. *Würzburger Annalen (Chronicon Wirziburgense)* bis 1057 erhalten, von 1043 an selbständig, seit etwa 1090 fortgesetzt, aber nur aus Ableitungen, bes. den Mainzer Annales St. Albani, bis 1101 rekonstruierbar; wohl nicht über 1105/6 hinausreichend[39]).

3. *Annales Hildesheimenses.* In Hildesheim wurden die um 1030 begonnenen, bis 994 geführten Annalen (s. S. 17) erst nach 1060 bis zum Jahre 1040 fortgesetzt, u.a. auf Grund der verlorenen Ann. Hildesh. maiores und mit Benutzung der Viten der Bischöfe Bernward und Godehard (s. S. 20 u. 47)[40]).

---

[37]) Ausg.: Herimanni Augiensis Chronicon de sex aetatibus ab O. C. bis 1054 in MG SS V 67—133; f. d. Jahre 1024—1039 auch in Wiponis opera ³1915. Übers.: Geschschr. 42. DW 6092. WH I 232—238. R. Buchner, Geschichtsbild u. Reichsbegriff H. v. R., Arch. f. Kulturgesch. 42 (1960) 37—60. Eine Vita Hermanns von Berthold v. Reichenau (s. S. 53 f.) mit dessen Annales in MG SS V.

[38]) Annales Sangallenses maiores, Ausg.: v. Henking in Mitt. z. vaterländ. G. v. St. Gallen 19 = N.F. 9 (1881).

[39]) Ausg.: v. G. Waitz MG SS VI 17—32. WH I 477 f. A. Duch, DA 8 (1950/51).

[40]) Ausg.: v. G. Waitz in MG SS. rer. Germ. i. u. sch., 8. 1878 (Neudruck 1947). Dazu L. Tradelius (s. vorher S. 17, A. 44). WH I 43 f.; M. L. Bulst-Thiele. DA 12 (1956) 517.

4. Die *Annales Altahenses.* In Niederaltaich wurde aus Hildesheimer und Hersfelder Annalen, der Chronik Hermanns v. Reichenau u. a. ein Annalenwerk für die Zeit von 708—1073 kompiliert; ab 1050 etwa wird die Darstellung selbständig und durch ihr Augenmerk auf das ganze Reich und besonders den Südosten höchst wertvoll. Ausführlicher wird sie von 1060 an; sie ist eine der wichtigsten Quellen für die Anfänge Heinrichs IV. und die Bestrebungen der Fürsten. Diese Annalen, die Aventin noch gekannt hat, waren verloren, bis 1867 eine von Aventin verfertigte, von 889 an vollständige Abschrift wieder aufgefunden wurde. Vorher hatte sie 1841 W. Giesebrecht rekonstruiert (s. Qk. I^6, S. 36)[41].

Kloster- und Bistumsgeschichten

1. Die *Gesta episcoporum Halberstadensium*[42]) hatten in ihrem ersten Teil bis 1140 gereicht; wir kennen sie aber nur aus der Benutzung in sächsischen Quellen und einem Auszug, der ihrer Fortsetzung im Anfang des 13. Jahrhunderts vorgesetzt ist. Erst für die staufische Zeit (bis 1208 reichend) werden sie allmählich wertvoller (s. auch weiterhin S. 118).

2. Für die *Magdeburger Bistumsgeschichte* galt bisher die Ansicht, daß an einen kompilatorischen Grundstock (bis 1023) eine Fortsetzung bis 1142 sich in der Weise angeschlossen habe, daß die Viten der einzelnen Metropoliten — ungleich an Wert und Ausführlichkeit — jeweils bald nach ihrem Tode von verschiedenen Verfassern abgefaßt seien. B. Schmeidler hat in scharfsinniger Untersuchung dargetan, daß ein Einschnitt bei 1023 nicht in Frage kommt und daß das ganze Werk erst zwischen 1134 bis 1142 von dem Abt Arnold von Kloster Berge geschrieben ist[43]).

3. Die *Merseburger Bistumschronik*[44]), von 968 an beginnend, ist erst 1136 geschrieben und zunächst bis 1320 fortgesetzt.

4. Die kurze *Hildesheimer Bistumschronik*[45]) (von 822 an) ist erst für die Jahre des Bischofs Hezilo (1054—1079) etwas ausführlicher.

---

41) Annales Altahenses (maiores), Ausg.: MG SS. rer. Germ. i. u. sch. 4. ed. altera 1891. Übers.: Geschschr. 46; DW 6088. WH I 545 ff.

42) Ausg.: MG SS XXIII 78—123. Sie wurden früher als Chronik oder Annalen bezeichnet. Dazu jetzt auch Schmeidler, Sachsen u. Anhalt 16 (1940) 107—119. WH I 67 f. u. 825.

43) Sachsen u. Anhalt 15 (1939). Weiteres S. 94. Ausg.: Gesta archiepiscoporum Magdeburgensium MG SS XIV 361—(484). DW 6120.

44) Chronica episcoporum ecclesiae Merseburgensis MG SS X 157—212.

45) Chronicon episcoporum Hildesheimensium MG SS VII 850—873. WH I 575 f.

Wichtiger als diese Bistumsgeschichten der ostsächsischen Stifter ist besonders für die Sittengeschichte

5. eine im Kloster *Herrieden* um 1080 entstandene, fragmentarisch bis 1058 erhaltene Aufzeichnung mannigfachen Inhalts über die Bischöfe von Eichstätt: *Anonymus Haserensis de episcopis Eichstetensibus*[46]).

Aus den *westlichen Grenzgebieten* haben die Bistumsgeschichten von *Verdun*[47]) und *Toul*[48]) mehr lokalhistorischen Wert.

In *Trier* wurde an dürftige Aufzeichnungen bis 1101 eine mit 1015 einsetzende, selbständige, zunehmend ausführlichere Fortsetzung bis 1132 angefügt, die voll Feindseligkeit gegen Heinrich IV. ist. Hier wird, wie der Titel *Gesta Treverorum*[49]) schon sagt, Bistums- und Stadtgeschichte verschmolzen.

Ungleich wichtiger und ausführlicher sind die umfangreichen Bistumsgeschichten von *Lüttich* und *Cambrai*.

In *Lüttich*[50]) wurde die Darstellung, die Abt Heriger von Lobbes bis 667 geführt hatte, von Anselm, Domherr an St. Lambert († 1056) in ausgezeichneter Weise fortgeführt bis zum Tode des streitbaren, ganz vom Geiste der neuen kirchlichen Anschauungen erfüllten Bischofs Wazo (1042—48), der eifrig gegen die Einmischung der weltlichen Gewalt in die Sphäre kirchlichen Lebens, auch Heinrich III. gegenüber, aufgetreten war. Gegen das Ende des 11. Jahrhunderts ist in Lüttich die *Vita* des Bischofs Balderich II. (1008—1018) entstanden, die durchweg selbständig, vor

---

46) 741—1058 Ausg.: MG SS VII 253—267. Herrieden liegt an der Altmühl. WH I 474; M. Adamski, Herrieden. Kloster, Stift u. Stadt im MA . . . 1954 (Diss. Berlin 1953) identifiziert den Verf. mit Heysso, Propst v. Herrieden.

47) Gesta episcoporum Virdunensium (bis 1047): MG SS IV 45—51.

48) Gesta episcoporum Tullensium (bis 1107): MG SS VIII 631—648. WH I 630.

49) Gesta Treverorum (bis 1101): MG SS VIII 111—174; (bis 1132) ebda. 175—200. Vgl. nun auch J. Choux, Recherches sur le diocèse de Toul au temps de la réforme grégorienne. L'épicopat de Pibon, 1069—1107. Nancy 1952. WH I 621 f. Übers.: Die Taten der Trierer, 1 (—1124) von E. Zenz, 1955.

50) Gesta episcoporum Leodiensium: Ausg.: v. Köpke MG SS VII 189—234 u. f. d. 11. Jh. v. Waitz: MG SS XIV 108—120. WH I 147 f. u. 830. Fortsetzung im 13. Jh. v. Aegidius v. Orval, dessen Quellen wir aber zum größten Teil kennen.

allem die Gründung des Klosters St. Jakob in Lüttich behandelt[51]).

In *Cambrai* gab Bischof Gerhard I. (1012—1051) zwischen 1041 und 1043 den Auftrag zur Abfassung einer Bistumsgeschichte, die bis auf die Gründung (500 n. Chr.) zurückgriff, im ersten Buch bis 1012 reichte und im zweiten Nachrichten über die Klöster der Diözese gab. Das wertvollste dritte Buch bietet eine ausführliche Darstellung der Regierung Bischof Gerhards I.[52]) bis 1044, die teils auf eigener Erinnerung, teils auf gewissenhafter Benutzung der zugänglichen Quellen, namentlich der Urkunden des bischöflichen Archivs beruht. Die Sprache ist wegen der vielfachen Durchsetzung mit Gallizismen interessant, sie zeigt den Romanen. Im ganzen aber ist das Werk eine hervorragende Leistung reichskirchlicher Geschichtsschreibung. Nach dem Tode des Bischofs Lietberts (1051—76) wurde für diesen, nach dem Ableben Gerhards II. (1076—92) auch für ihn eine Fortsetzung angefügt. Für die Epoche der folgenden Bischöfe bis 1137 liegen uns Fortsetzungen teils in einer französischen Übersetzung aus dem Ende des 13. Jahrhunderts, teils in Auszügen und versifizierter Bearbeitung vor[53]).

Die *Klostergeschichten* dieser Zeit, namentlich aus den westlichen Grenzgebieten, sind über die lokalen Nachrichten hinaus zum Teil aufschlußreich für die Strömungen innerhalb des Mönchtums und später für dessen Haltung im Investiturstreit. Zu ihnen gehören:

1. Die ausführlichen *Gesta abbatum Trudonensium* (St. Truiden (Trond), Diöz. Lüttich)[54]), von Abt Rudolf (1108—38), einem Wallonen, für die Zeit von der Gründung bis 1108 ver-

---

51) Ausg.: MG SS IV 724—738. Gegen J. F. Niermeyer und W. Sproemberg (WH I 146) nunmehr Ch. Lays, Etude crit. sur la Vita Balderici ep. Leodiensis (Bibl. de la Faculté de Philos. et Lettres de l'Université de Liege, face 110) 1948. Dazu H. Silvestre in Revue d'hist. ecclés. 44 (1949) 629 ff.

52) Über ihn Th. Schieffer, DA 1 (1937) 323—360.

53) Gesta pontificum Cameracensium: MG SS VII 402—25 u. XIV 186—253. Die Originalhandschrift des ursprünglichen Werkes ist erhalten. WH I 153 ff. A. Boutemy, Scriptorium 3 (1949) 183—189.

54) Ausg.: MG SS X 213—448. Das Kloster war vom hl. Trudo gestiftet. WH I 744 ff. (Sproemberg) J. G. Préaux, Latomus 5 (1946) 141—153.

faßt, von einem Freunde Rudolfs (vor 1138) bis 1136 fortgesetzt[55]).

2. Die Chronik des *St. Lorenzklosters* in *Lüttich*, die bis vor kurzem Rupert von Deutz (Abt von 1115—1129) zugeschrieben wurde[56]), hat sich dank den tiefschürfenden Untersuchungen von H. Silvestre als eine ziemlich wertlose Kompilation erwiesen, die etwa um 1200 oder später entstand und im Wesentlichen ihre Quellen in der Chronik Anselms (s. S. 44) und in den Viten der Bischöfe Evraclius († 971), Wolbodo († 1021) und Reginhard († 1037) hat[57]).

3. Die Klosterchronik von *St. Hubert* in den Ardennen, verfaßt von dem Mönch Lambert, im Anfang des 12. Jahrhunderts, vom Ende des 7. Jahrhunderts bis 1106 reichend[58]).

In der ersten Hälfte des 11. Jahrhunderts, schon unter Heinrich II., aber auch weiterhin unter den ersten Saliern, hat eine Reihe hervorragender Kirchenfürsten, Bischöfe und Äbte, zum Teil in langer Amtszeit, als eifrige Pfleger kirchlichen Lebens, als sorgsame Verwalter ihrer geistlichen Bezirke und weltlichen Herrschaften, aber auch als einflußreiche politische Berater eine bedeutsame Rolle gespielt. Die ihnen geltenden *Lebensbeschreibungen*[59]) (s. auch oben S. 20) sind daher Quellen von Wichtigkeit:

1. *Vita Meinwerci.* Meinwerk 1009—36 Bischof von Paderborn, schon bei Heinrich II., seinem einstigen Mitschüler, wohlgelitten, hat vornehmlich in der Sorge für die wirtschaftliche und kulturelle Hebung seines Bistums seinen Ruhm gesucht und ge-

55) Von geringerem Wert ist eine zweite Fortsetzung bis 1183. Am Ende des 14. Jahrhunderts ist eine weitere Fortsetzung angefügt, die zugleich eine Überarbeitung der früheren Teile mit Benutzung von Güterverzeichnissen und Finanzregistern aus dem 13. Jahrhundert vornahm.

56) Chronicon S. Laurentii Leodiensis bis 1095; Ausg.: MG SS VIII, 261—79.

57) H. Silvestre, Le chronicon sancti Laurentii Leodiensis dit de Rupert de Deutz, Louvain 1952 (Univ. de Louvain, Recueil de travaux de l'hist. et de Philol. 3. sér., fasc. 43). Dazu Th. Schieffer, HJb. 73 (1953) 284—286.

58) Chronicon S. Huberti Andaginensis: MG SS VIII 568—630; neue Ausg. mit ausführlicher Einl. v. K. Hanquet, Bruxelles 1906, dazu Holder-Egger in NA 31 (1906) 746 ff.; WH I 741 f. (Sproemberg). Wichtig für die letzten Tage Heinrich IV. u. für d. gregorian. Bewegung; für die mittelalterl. Geistesgesch. bedeutsam.

59) S. dazu O. Koehler, D. Bild d. geistl. Fürsten in den Viten d. 10., 11. u. 12. Jh. 1935 u. W. Hug, Elemente d. Biographie im Hochms. Unters. z. Darstellungsform u. Geschichtsbild d. Viten v. Ausg. d. Ottonenzeit bis i. d. Anfänge d. Stauferzeit. Diss. München 1957.

funden. Er war „ein echter Vertreter der alten Reichsgeistlichkeit vor den Zeiten des Investiturstreits" (Wattenbach). Die Vita ist von einem Mönch des von Meinwerk gestifteten Klosters Abdinghof in Paderborn zwischen 1155 und 1165 geschrieben, aus lebendiger Tradition und auf die Urkunden des Archivs und andere gute Quellen gestützt[60]).

2. *Vita Godehardi* (geb. um 960, 996—1022 Abt von Niederaltaich, dann als Nachfolger Bernwards Bischof von Hildesheim bis 1038). Bernwards Vita von Thangmar (s. vorher S. 20) hat dem im Auftrage von Godehards Neffen, Abt Rat(i)mund von Niederaltaich (1035—1038) schreibenden Mönche Wolfher(e) dabei als Vorbild gedient. Er hat das mönchische Element stark betont; in einer späteren Überarbeitung (um 1065) hat er manches ausgelassen, anderes hinzugefügt, das fromme Ende Godehards und eine Reihe von Wundern geschildert[61]).

3. Richard, 1004—46 Abt von *St. Vanne(s)* in Verdun, ist unter Heinrich II. der Hauptträger der Kirchenreform in Lothringen und einflußreicher politischer Berater gewesen. Unter Konrad II. politisch zurücktretend, hat er doch seine kirchliche Reformtätigkeit, vorübergehend als Leiter einer ganzen Anzahl von Klöstern, die sich in einer Kongregation um St. Vanne(s) scharten, fortgesetzt. Die *Vita b. Richardi, abbatis S. Vitoni Virdunensis*[62]), von einem unbekannten Mönch um 1100 verfaßt, stellt die kirchliche Seite seiner Tätigkeit im Sinne des reformierten Mönchtums in den Vordergrund.

4. Weit bedeutender war gerade unter Konrad II. die kirchenpolitische Rolle des Abtes Poppo von Stablo und Malmedy (seit 1020) († 1048)[63]), eines Schülers von Richard von St. Vannes. Poppo — eine Reihe von Jahren auch Abt von S. Maximin bei Trier — hat eine ganze Anzahl von Klöstern in unmittelbarer oder mittelbarer Leitung bis nach Hersfeld und

---

60) MG SS XI. 106—161; neue Ausg. v. Tenckhoff in MG SS. rer Germ. u. sch. 59, 1921, WH I 70ff.; H. Honselmann, Westfäl. Zs. 100 (1950), 292—356; H. Rothert, Jb. d. Vereins f. westfäl. Kirchengesch. 48 (1955) 7—24.

61) MG. SS. XI, 167—96, Überarbeitung ebda., 196—218. Übers. Geschschr. 40 WH I 62—65.

62) Ausg.: MG SS XI 280—290; e. Zweite Vita bei Hugo v. Flavigny MG VIII, 368 ff. (s. S. 74); H. Dauphin, Le bienheureux Richard, abbé de S.-Vanne de Verdun (Bibliothèque de la Revue d'histoire ecclés., 14) 1946. WH I 192.

63) *Vita Popponis abbatis Stabulensis:* MG SS XI, 293—316; P. Ladewig, P. v. St. u. d. Klosterreform unter den ersten Saliern 1883; WH I 115 u. 828. Ferner H. Glaesener, S. Poppon, Revue bénédictine 60 (1950) **163—179.**

St. Gallen hin reformiert. Seine Vita ist in ausführlicher und zuverlässiger Darstellung bald nach seinem Tode von dem Genter Mönch Onulf geschrieben. Wir besitzen sie nur in der vor 1059 entstandenen hagiographischen Überarbeitung von Abt Everhelm von Hautmont, dem Schüler Poppos.

5. Über Bardo, Erzbischof von Mainz (1031—51), gibt es eine kurze, nicht unwichtige Vita, die der Mainzer Kaplan Vulculd bald nach dessen Tode geschrieben hat. Wenig glaubwürdig dagegen ist die in Fulda, wo Bardo einst Mönch und Leiter der Schule gewesen war, panegyrisch ausgeschmückte größere Vita[64]).

6. Von dem in Heinrichs IV. Anfängen so mächtigen, dann gestürzten Anno, Erzbischof von Köln, einem kalten, herrischen, verschlagenen Manne, der sich auch im Klerus keiner Beliebtheit erfreute, gibt es — vielleicht aus diesem Grunde — keine seiner politischen Bedeutung entsprechende Lebensschilderung, sondern nur eine unbedeutende Vita[65]), die in dem von ihm gestifteten Kloster Siegburg vor 1105 geschrieben wurde. Sie hat dem Verfasser des altdeutschen Annolieds[66]), der wohl auch Siegburger Mönch war und Anno als Heiligen verherrlicht, vorgelegen.

7. Die bedeutendste Gestalt in der Reihe der Fürsten unter Heinrich IV. vor dem Investiturstreit ist Adalbert, Erzbischof von Bremen (1043—72), gewesen. Von seiner glanzvollen Tätigkeit und machtvollen Stellung, als Metropolit auch in den nordischen Ländern, hat uns Adam von Bremen (1069 Domscholaster, † bald nach 1081) eine eindrucksvolle Schilderung gegeben. Dessen *Gesta Hammaburgensis ecclesiae pontificum*[67]), geschrieben von 1074 an,

---

64) Ausgabe beider Viten: MG SS XI, 317—342. WH I 203 f.

65) Vita S. Annonis: MG SS XI, 462—515. WH I 649 (Sproemberg). R. Klauser, Jb. f. fränk. Landesforschg. 14 (1955) 243—254. F. W. Oediger, Düsseldorfer Jb. 45 (1951) 146 ff.

66) Ausg.: MG Deutsche Chroniken I; e. historische Quelle ist das Annolied nicht. WH I 652 f. (Sproemberg); G. Gigglberger, Unterss. über d. Annolied. Diss. Würzburg 1954; B. Mergell, Beitr. z. dt. Sprache u. Lit. 77 (1955) 124—146; H. Eggers, Euphorion 49 (1955) Sonderheft, S. 9—13; K. Fritschi, Das Annolied. Diss. Zürich 1957.

67) Ausg.: in MG SS. rer. Germ. i. u. sch. 2, Ed. 3. v. B. Schmeidler 1917; dazu ders.: Hamburg-Bremen u. Nordosteuropa v. 9.—11. Jht., 1918. Übers. (v. Steinberg) in Geschschr. 44, 3. Aufl. m. Einl. v. Schmeidler 1926. Photogr. Wiedergabe d. Hs. C 1 mit Einl. v. C. A. Christensen, Kopenhagen 1948. DW 6119. WH I 566 ff. (Schmeidler); W. Roessler. Diss. Bonn 1942. St. Bolin, Classica et Mediaevalia 10

behandeln im 1. Buch die Anfänge des Hamburger Bistums und der sächsischen Mission; das 2. Buch führt bis zu Adalberts Erhebung. Im 4. Buch, der descriptio insularum aquilonis, bietet Adam („ein Tacitus der baltischen Lande“, *Hampe)* eine anziehende und wertvolle, im Mittelalter einzig dastehende Erzählung: eine Völker- und Länderkunde von Nordeuropa[68]). Das 3., für die deutsche Geschichte wichtigste Buch ist der Wirksamkeit und Verherrlichung Adalberts gewidmet, ohne in kritiklose Bewunderung zu verfallen. Anschaulichkeit, Wärme und Wahrhaftigkeit der Darstellung, die auf gewissenhafter Benutzung des Urkundenschatzes der Bremer Kirche beruht und namentlich für Adalberts Zeit fast zu einer Reichsgeschichte wird, sind mit Recht von jeher gerühmt. Der ursprünglichen Fassung, die Adam 1075/76 seinem Erzbischof Liemar überreichte, hat er bis 1080 Änderungen und Zusätze angefügt[69]). Das Werk war weitverbreitet; Adam hat viele Urkunden benutzt, aber auch z. T. die berüchtigten Fälschungen, an denen wohl auch Erzbischof Adalbert nicht unbeteiligt gewesen ist.

8. Benno, Bischof (1060—88) von *Osnabrück.* Aus schwäbischem Ministerialengeschlecht, ein Schüler Hermanns von Reichenau, Lehrer an der Domschule in Speyer, Vorsteher der Domschule und Dompropst in Hildesheim, hat als Bischof, Heinrich IV. persönlich nahestehend, in Reich und Kirche eine bedeutende Rolle gespielt, die freilich in seiner Vita nicht ganz zum vollen Ausdruck kommt. Allezeit ein treuer Anhänger des Königs, hat er doch in den Zeiten des großen kirchenpolitischen Kampfes trotz

1949) 131—158; G. Misch, Nachr. Götting. Akad. 1956, Heft 7, 204—280; A. Trommer, Classica et Mediaevalia 18 (1957) 207—257; G. Misch, Gesch. d. Autobiographie, Bd. III, 1. 1959, S. 168 ff. Schon 847—849 war das Hamburger Bistum mit dem von Bremen vereinigt und die Residenz dahin verlegt.

68) Vgl. hierzu: H. J. Witzel, Der geographische Exkurs i. d. latein. Geschichtsquellen des MA. Diss. Frankfurt 1952; H. Stichtenoth, Zs. f. Schleswig-Holstein. Gesch. 77 (1953) 184—195 und W. Laur, ebda. 78 (1954) 272—280 u. 280—284; J. Svennung, Belt u. Baltisch. Uppsala 1953; W. Fritze, Beitr. z. Namenforschg. 1 (1949/50) 201—204.

69) Nach Schmeidler stellen d. Hss. B und C eine Überarbeitung dar.

persönlicher Teilnahme am Zuge nach Italien (1080) durch kluge Vorsicht persönlichen Konflikt mit der Gegenpartei zu vermeiden gewußt. Die *Vita Bennonis*[70]), „eines der kostbarsten biographischen Denkmäler" aus dem früheren Mittelalter (Schmeidler), weiß wenig von den Sachsenkriegen, nichts von Worms oder Canossa, enthält jedoch mancherlei über die Verhandlungen mit Gregor VII. Im besonderen aber erzählt sie von dem großen Zehntenstreit mit Corvey und von der Gründung des Klosters Iburg. Hier, wo Benno seine letzten Jahre zugebracht hat, ist sie anfangs der neunziger Jahre von Norbert (1085 bis 1117 Abt von Iburg) verfaßt worden.

Die echte Vita kennen wir erst durch H. Bresslaus glücklichen Fund (1901) aus einem Sammelbande (farragines Gelenii)[71]) der Kölner Stadtbibliothek aus der Mitte des 17. Jahrhunderts. Bis dahin hatte man anstandslos einen Text benutzt, den erst F. Philippi (NA 25, 1900) als Fälschung des 17. Jahrhunderts im Interesse des Klosters Iburg gegenüber dem Bistum Osnabrück bezeichnete. Andere Forscher (Bloch, Scheffer-Boichorst, Bresslau) wollten nur eine teilweise Interpolation gelten lassen. Der neue Fund erwies jedoch die Zusätze und Unterdrückungen als weit umfangreicher und bestätigte Philippis These über die Tendenz der Verfälschung, die von Abt (seit 1666) Maurus Rost herrührt, der mit dem Bistum Osnabrück über Besitz und Rechte auf dem Iburger Berg in Streit lag.

Benno war — wohl als Urheber — an den bekannten und lange umstrittenen Osnabrücker Urkundenfälschungen — im Zehntstreit mit sächsischen Klöstern — beteiligt, deren Entstehung durch Auffindung der Originale klargelegt werden konnte[72]).

Mit dem Ausbruch der Sachsenkriege, dann auch des Investiturstreits beginnt die Reihe leidenschaftlicher Angriffsschriften gegen Heinrich IV. in Nord- und Süddeutschland.

---

[70]) Ausg.: nur die neue von H. Bresslau in MG SS. rer. Germ. i. u. sch. 56, 1902 (Neudruck 1956) zu benutzen; danach d. Übers. v. M. Tangl in Geschschr. 91. WH I 578—581 (Schmeidler); H. Rothert, Jb. d. Vereins f. westfäl. Kirchengesch. 49—50 (1956—57) 7—24.

[71]) Gelenius, Kanonikus am Andreasstift in Köln (1595—1656) hatte in Iburg den echten Text abschreiben lassen.

[72]) WH I 581 (Schmeidler); dort auch d. Lit.

Hier steht an erster Stelle

Lampert von Hersfeld.

Aus Franken vermutlich und wohl ein Zögling der Bamberger Schule, wurde er 1058 Mönch in Hersfeld und war etwa 1077 bis 1081 Abt des Klosters Hasungen[73]). Sein Annalenwerk, das er bis vor die Wahl Rudolfs von Schwaben führte, hat er etwa 1078/79 vollendet. Diese Annalen[74]), zunächst eine kurze Notizenreihe seit der Schöpfung, auch für die erste Hälfte des 11. Jahrhunderts nur frühere Quellen ausschreibend, werden seit den vierziger Jahren allmählich ausführlicher und bieten für die sechziger und siebziger Jahre bis zum Ende (Anfang 1077) eine so ausführliche Schilderung der Unternehmungen des Herrschers und seiner Gegner, wie wir sie aus dem Mittelalter sonst kaum besitzen[75]).

Lampert hat daher seit dem 16. Jahrhundert[76]) bis auf Giesebrecht[77]) als die wichtigste und zuverlässigste Grundlage für die Darstellung dieser Jahrzehnte gegolten, obschon die gehässige Gesinnung gegen Heinrich IV. — auf dessen Seite das Kloster Hersfeld stand — bereits erkannt war. Ranke hat schon 1854[78]) lebhafte Bedenken gegen Lamperts Glaubwürdigkeit erhoben, bis, trotz mancher Verteidiger, nach weiteren Einzeluntersuchungen Holder-Egger[79]) zu einem vernichtenden Urteil über die tendenziöse, zuungunsten Heinrichs IV. und seiner Anhänger

[73]) E. E. Stengel, Lampert v. Hersfeld der erste Abt v. Hasungen, in: Aus Verfassungs- u. Landesgesch. (Festschrift Th. Mayer), Bd. 2 1955, S. 245—258, nunmehr auch in: E. E. Stengel, Abhandlgn. u. Unterss.z. ma.lischen Gesch. 1960, S. 342—359. Ferner J. Semmler, Stud. Mitt. z. Gesch. d. Benediktinerordens 66 (1956) 261—276.

[74]) Literarisch „das Glanzstück der zeitgenössischen Geschichtsschreibung" (Erdmann).

[75]) Ausg.: MG SS. rer. Germ. i. u. sch., 38 von Holder-Egger 1894, Neudruck 1956. Übers. (nach älterer Ausg.) von Wattenbach, in Geschschr. 43. Nach der MG-Ausgabe neu hrsg. mit neuer Übers. v. A. Schmidt v. W. D. Fritz, 1957 (Ausgew. Qu. z. Gesch. d. MA., Bd. 13). DW 6098. WH I 456ff.; G. Billanovich, Lamperto di H. e Tito Livio, Padova 1945.

[76]) Erste Ausgabe auf Melanchthons Veranlassung Tübingen 1525.

[77]) Giesebrecht (III. 4. A. 1032) begründet diese Verwendung in kritisch auffälliger Weise: „Mir scheint dies das einzige Mittel, die Darstellung der Geschichte der Jahre 1069 bis 1076 vor Willkür zu schützen."

[78]) Zur Kritik fränkisch-deutscher Reichsannalisten (Abhandl. BA 1854, jetzt Sämtl. Werke, Bd. 51/52).

[79]) NA 19 u. in d. praefatio seiner Ausgabe (s. Anm. 7).

entstellte Erzählung gelangte. Meyer von Knonau[80]) hat dieses Verdikt abgeschwächt, mönchischen Gesichtspunkt, Erzählungslust, Ausmalung vager Gerüchte geltend gemacht. Er wollte in Lampert nicht einen bewußten und planvollen Lügner sehen. Doch gab er zu, daß Heinrich als des Thrones unwürdiger Herrscher geschildert sei. Seinem Urteil hat sich, mindestens im wesentlichen, R. Holtzmann[81]) angeschlossen, doch will auch er Lampert nicht von jeder bewußten Unwahrheit freisprechen. Trotzdem bleibt Lampert wegen der Reichhaltigkeit des Inhalts und als Offenbarung eines Parteistandpunktes unentbehrlich. Nur ist es Sache sorgfältigster Kritik, die Verwendbarkeit seiner Nachrichten in jedem Einzelfalle zu prüfen.

Bruno[82])

Bei Lampert ist die Tendenz seiner Berichterstattung durch die Form lange verhüllt gewesen. Dagegen sind in Brunos Buch vom Sachsenkriege *(de bello Saxonico liber)*[83]) die Entstellungen der Wahrheit durch die offene Parteinahme für Gregor, die unverhüllte Feindschaft gegen Heinrich IV. leicht zu erkennen. Doch bleibt in dieser 1082 geschriebenen Darstellung, die bis zur Salbung des Gegenkönigs Hermann von Salm (Weihnachten 1081) reicht und in erster Linie vom Standpunkt der sächsischen Opposition geschrieben ist, noch wervolle Kunde genug, aus eigener Erinnerung und Kenntnis Brunos, durch Mitteilungen von Zeitgenossen und Augenzeugen, vor allen Dingen aber durch die im Wortlaut eingerückten Akten und Briefe, u. a. von Heinrich IV. und Gregor VII., die insgesamt den dritten Teil des ganzen Büchleins ausmachen[84]). Auch durch die Überlieferung alles dessen, was zuungunsten Heinrichs verbreitet war, ist Bruno für uns wertvoll. Das ungünstige Urteil Rankes („Manifest der Partei") und namentlich

---

80) Jahrbb. Heinr. IV. u. Heinr. V., Bd. II, 791—794.

81) WH I 456—471; über die Glaubwürdigkeit bes. 465 ff.

82) Ein Kleriker aus der Magdeburger (so frühere Annahme) oder (besser) Merseburger Diözese; er war erst in Magdeburg, dann in Merseburg in der bischöflichen Kanzlei tätig. Daß er Kanzler des Gegenkönigs Hermann von Salm gewesen, ist nicht nachweisbar.

83) Ausg. von H.-E. Lohmann, MG, Deutsches Mittelalter, Bd. 2, 1937. WH I 592—594 (Schmeidler). Übers.: Geschichtsschr. 45.

84) Vielleicht aus einer von Bruno selbst angelegten Briefsammlung.

Wattenbachs hat sich wesentlich gewandelt, schon durch Holder-Egger[85]); und Meyer von Knonau[86]) weist dem Werk mit Recht geradezu eine Stellung ersten Ranges unter den Quellen zur Geschichte Heinrichs IV. an. Durchaus sächsisch-provinziell, ist es in der Folgezeit wenig bekannt und benutzt worden.

Eine Erzählung von dem gewaltsamen Ende des Bischofs Burchard von Halberstadt 1088, geschrieben von seinem Nachfolger Herrand (= Stefan 1090—1102) ist größtenteils vom Annalista Saxo[87]) übernommen.

Eine in Sachsen mit großer Feindseligkeit gegen Heinrich IV. geschriebene Darstellung der Sachsenkriege und des Investiturstreits, die von 1074 bis gegen 1117 gereicht haben wird, ist verloren: benutzt ist sie in den Annalen v. Disibodenberg, bei Helmold u. Albert v. Stade[88]).

Süddeutsche Opposition

Besonders scharf im Ton sind die Schriften, die von kaiserfeindlicher Seite in Süddeutschland ausgingen. Hier war das Kloster Hirsau (Hirschau, im Nagoldtale) mit seinen Verzweigungen Sitz der geistlichen Opposition, aber die politische Tätigkeit der Hirsauer Mönche läßt sich im einzelnen nicht verfolgen; die Biographie des Abtes Wilhelm von Hirsau (1069—1091), nach 1100 entstanden, bietet, stark legendenhaft, nur wenig historische Ausbeute[89]).

Die wichtigsten Aufzeichnungen aus dem Lager von Heinrichs Gegner in Süddeutschland knüpfen sich an die Namen von Berthold von Reichenau († 1088, ein

85) Vorrede zur Lampertausgabe S. 47.

86) Jahrbb. Heinr. IV. u. Heinr. V., Bd. III, 42 Anm. 7; Bd. IV, 41 ff.

87) WH I 596 (Schmeidler). Über den Annalista Saxo, s. S. 94 f.

88) Vgl. WH I 597 f.

89) Vita Guilelmi abb. Hirsaugiensis (1069—1091): Ausg.: MG SS XII, 209 bis 225. WH I 390. Diese Vita soll bald nach seinem Tode von Prior Haimo geschrieben und später überarbeitet sein. Ungleich bedeutender für die Ausdehnung der Kongregation ist der in Württemb. Geschichtsquellen I, 1887 hrsg. *Codex Hirsaugiensis;* zum Cod. Hirsaug. nunmehr auch K. O. Müller, Traditiones Hirsaugienses, Zs. f. württ. Landesgesch. 9 (1949/50) 21—46 u. 10 (1951) 208 f. Zu erwähnen ist auch die Vita Udalrici Cellensis (Prior in Zell in Wiesental), MG SS XII, 253—267 und die Gründungsgeschichte von St. Georgen im Schwarzwald (Notitia fundationis et traditionum S. Georgi in Silva Nigra) 1083—1155 (MG SS XV, 2, 1007—1023). Über die Hirsauer s. auch WH I 386—393.

Schüler Hermanns) und Bernold von Konstanz (oder: St. Blasien). Deren annalistische Werke stehen zweifellos zum Teil in Abhängigkeit voneinander; man glaubte früher, daß Berthold aus Bernold schöpfe, faßt aber jetzt die Beziehungen umgekehrt auf.

Die unter Bertholds Namen überlieferte Chronik[90]) ist sicher von zwei Verfassern geschrieben. Vermutlich ist der erste, 1055 an Hermann v. Reichenau anknüpfende, in seiner Haltung königstreue Teil (bis 1075) von Berthold verfaßt.

Ab 1075—1080 wendet sich die Haltung, so daß ab hier ein neuer Verfasser (Meyer von Knonau: *Annalist* ab 1075) angenommen wurde[91]). Der Bericht wird sehr tendenziös, geradezu gehässig gegen Heinrich IV. und die Simonisten, doch bringt er überaus wertvolle Nachrichten, so vor allem über Canossa und die Königswahl Rudolfs von Rheinfelden[92]).

Weit maßvoller hingegen ist die vom kurialen Standpunkt aus geschriebene, seit 1075 selbständige Erzählung Bernolds (geb. um 1050, dann an der Domschule in Konstanz, seit 1084 dort Priester, später in St. Blasien und Schaffhausen, † 1100), der auch im Investiturstreit eifrig publizistisch tätig war (s. S. 61 und S. 66).

In seinen Annalen hat er eigentlich nur alle ihm zukommenden Nachrichten stückweise zusammengetragen, mit vielen nachträglichen Änderungen und Zusätzen. Das ist in der noch erhaltenen Originalhandschrift, die bis 1100 reicht, erkennbar und erhöht die Glaubwürdigkeit[93]).

Wichtig sind alle diese Nachrichten bei Berthold, dem „Annalisten" und Bernold als süddeutsche Ergänzungen zu der sächsischen und thüringischen Überlieferung.

Doch hat es auch in Süddeutschland, in Städten und Klöstern, in jener Zeit nicht an Geschichtsschreibung in kaiserfreundlicher Gesinnung gefehlt. Dahin gehören u. a.

1. Die in diese Periode fallenden ausführlichen annalistischen *Aufzeichnungen in St. Gallen,* wo von 1077 bis 1122 der gut

---

90) Ausg. Annales MG SS V, 264—326; die abweichende Darstellg. d. Jahre 1054—66: MG SS XIII, 730 ff. Übers.: Geschschr. 47. DW 6092. Zu dem ganzen Problem nunmehr ausführlich G. Tangl in WH I 514—521.

91) Meyer von Knonau, Jbb. Heinr. IV. u. Heinr. V., Bd. II, 905 ff.

92) Schmeidler, AFU 15 (1938) sieht beide Teile als Werk Bertholds an, doch diese Ansicht ist noch sehr umstritten.

93) Ausg.: MG SS V, 385—467; Übers.: Geschschr., 48. WH I 521—528 (G. Tangl).

kaiserliche Ulrich III. von Eppenstein Abt war (seit 1086 auch Patriarch von Aquileja). Die Annalen selbst sind zwar nicht mehr vorhanden, aber im Auszug für die Jahre 1074—1094 in die dritte, von 1072—1133 reichende und auch sonst dankenswerte Fortsetzung der St. Gallener Klostergeschichte *(Casus S. Galli*[94]) aufgenommen und noch ausführlicher und übersetzt in der dem 16. Jahrhundert angehörigen Chronik des Gallus Oehem († 1511) von Reichenau erhalten[95]).

2. Die freilich nicht eben ausführlichen, zunächst auf Hermann von Reichenau beruhenden, dann besonders seit den sechziger Jahren selbständiger und wertvoller werdenden, im Domkapitel wohl zwischen 1080 und 1090 zusammengestellten und von 973 bis 1104 reichenden *Augsburger Annalen*[96]). Bemerkenswert ist, daß bei aller Anhänglichkeit an Heinrich Gregor doch als der rechtmäßige Papst erscheint.

3. Die *Annalen von Ottobeuern* (1040—1111)[97]).

4. Bruchstücke reichsgeschichtlicher Aufzeichnungen aus *Regensburg* für die Jahre 1084—1086. Sie berühren auch italienische Ereignisse[98]).

Von den literarischen Parteigängern auf kaiserlicher Seite haben wir zwar keine umfassenden Darstellungen von Heinrichs Leben und seiner Regierung, aber zwei durch ihren Inhalt höchst wertvolle kleinere Schriften:

1. Der „Sang vom Sachsenkriege", *Carmen de bello Saxonico,* ist eine in Hexametern abgefaßte, geschickte und anschauliche Schilderung der Ereignisse von 1073—1075, die bald nach der Schlacht an der Unstrut verfaßt ist.

Mit Unrecht ist das Werk, das 1508 zuerst bekannt wurde, wegen Mangels alter Handschriften von Pertz und Köpke für unecht erklärt. Floto und dann Waitz haben unzweifelhaft die Echtheit erwiesen. Den Verfasser kennen wir nicht. Die Vermutung, daß es Lampert (s. S. 51) sei, die zuerst Giesebrecht, vor-

---

94) Ausg. v. G. Meyer von Knonau in Mitt. z. vaterländ. Gesch. von St. Gallen 17 = N. F. 7: St. Gallische Geschichtsquellen IV, 1879.

95) Ausg. v. K. Brandi, Quellen und Forschungen z. G. d. Abtei Reichenau 2 (1893).

96) Annales Augustani, Ausg.: MG SS III, 123—136; Übers.: Geschschr. 49; DW 4893; WH I 535 f. Zur Bistumsgesch. F. Zoepfl, s. S. 19, Anm. 53.

97) Annales Ottenburani: MG SS V, 1—9.

98) In München von Wilh. Meyer aus Speyer entdeckt. SB MA 1882, II, 259—266). Neue Ausgabe als Annalium Ratisbonensium maiorum fragmentum von v. Oefele hinter den Ann. Altahenses (s. S. 42); Übers.: in Geschschr. hinter Lampert (s. S. 51) WH I 552.

übergehend auch Lindner geäußert, für die dann Pannenborg energisch eingetreten war, ist mit Recht von Holder-Egger ebenso abgewiesen, wie die Ansicht von Gundlach, daß der Verfasser der Propst Gottschalk aus Aachen und mit dem Verfasser der Vita Heinrici IV identisch sei[99]).

2. *Das „Leben Kaiser Heinrichs"*, kurz nach dem Tode des Herrschers (nach 1106) verfaßt, ist die warmherzige Totenklage eines getreuen Anhängers in Form eines Schreibens an einen Freund, „mit Thränen geschrieben, nicht ohne Thränen zu lesen", durchaus apologetisch: die Anklagen der Gegner sind unbegründet, ihre Erhebung gegen den König ist Unrecht und Schandtat. Es ist nicht eine Biographie oder gleichmäßig ausgestaltete Erzählung der Lebensschicksale des verehrten Herrschers. Vielmehr folgt auf die Klage um seinen Tod und auf die Charakteristik seiner Persönlichkeit (c. 1) eine knappe Übersicht (seit 1056) über Jugend und Herrschaftsanfang (c. 2), über den Sachsenaufstand und den Konflikt mit Gregor bis nach Canossa (c. 3), über den Kampf mit den Gegenkönigen (c. 4 u. 5) und gegen Gregor (c. 6), über die Kämpfe in Italien, die Erhebung Konrads und den Sieg Heinrichs (c. 7), dann der Erlaß des Landfriedens 1103 (c. 8) und besonders ausführlich, ein ganzes Drittel ausfüllend, die Erzählung der letzten Rebellion bis zum Tode (c. 9—13)[100]).

Zahlreiche Bemühungen, den anscheinend absichtlich seinen Namen verbergenden Verfasser dieses im Mittelalter bald verschollenen Büchleins zu ermitteln, haben ihn in Lüttich (so Gol-

---

99) Ausg.: MG SS. rer. Germ. i. u. sch. 17 (v. O. Holder-Egger), 1889; von A. Pannenborg (als Werk Lamperts) 1892; Übers.: v. W. Gundlach in Heldenlieder II. S. bes. O. Holder-Egger in NA 19; DW 6111; WH I 372 ff. (R. Holtzmann). Das kleine Werk war zuerst 1508 als Gesta Heinrici imperatoris metrice gedruckt. S. auch Meyer von Knonau, Jbb. Heinr. IV. u. Heinr. V., Bd. V, 363 ff. Gegen Piveč, der (MÖIG 45) an Meinhard v. Bamberg denkt, mit Recht Erdmann, Studien 115 f.

100) Ausg.: MG SS. rer. Germ. i. u. sch. 58, ed. 3. v. W. Eberhard 1899 (Neudruck 1949). Übers.: Geschschr. 50, 4. A. 1910 und bei Gundlach, Heldenlieder II, 281—324. Lit.: Vorreden zur Übers. in d. Geschschr.; WH I 378 ff. DW 6085; H. F. Haefele, Fortuna Heinrici IV. imperatoris. (Veröff. d. Inst. f. Österr. Geschichtsforschg., 15) 1954.

dast: B. Otbert), in Mainz, Speyer, Regensburg oder in dem Aachener Dompropst Gottschalk (so Gundlach, Heldenlieder und [bedingt] P. v. Winterfeld) gesucht. Gegenüber dem non liquet von mancher Seite (so Meyer von Knonau) hat Giesebrecht zuerst vermutet und wurde darin durch Holder-Egger und Tangl gestützt, daß wir den Verfasser in dem getreuen Anhänger Heinrichs, Erlung von Würzburg, zu sehen haben, der zunächst von 1103—1105 sein Kanzler, dann 1105 Bischof v. Würzburg war, von Heinrich V. vertrieben, doch Ende 1106 wiedereingesetzt wurde. Dagegen haben Schmeidler und S. Hellmann[100a]) Widerspruch erhoben; Hellmann sucht den Verf. außerhalb der kaiserlichen Kanzlei. Robert Holtzmann lehnt eine sichere Entscheidung ab, glaubt aber, daß der Verf. doch in Beziehungen zur Kapelle oder Kanzlei stand. Neuerdings hat die Vita durch H. F. Haefele eine sprachliche und geistesgeschichtliche Interpretation erfahren; das Leben des Kaisers wird unter dem Wirken der fortuna begriffen und bei der Auseinandersetzung zwischen Vater und Sohn die Bedeutung der fides herausgestellt. H. vermutet den Verf. unter den Zeitgenossen Heinrichs V. und nimmt auch eine spätere Abfassungszeit an.

Die Kurie

Das Eingreifen Heinrichs III.[101]) hatte das von der reformatorischen Bewegung in der Kirche noch kaum berührte, ohne den Rückhalt am deutschen Königtum in Rom selbst[102]) ohnmächtige Papsttum aktionsfähig gemacht. Deutsche Kirchenfürsten wurden auf den Stuhl Petri erhoben; Victor II. wurde der Vormund Heinrichs IV. Nun gewannen die neuen Ideen an der Kurie Eingang, und unter dem Einfluß des Kardinals Hildebrand, der später (1073) als Gregor VII. Papst wurde, nahm sie den Kampf gegen Priesterehe, Simonie, Laieninvestitur und damit auch vor allem gegen die kaiserlichen und königlichen Rechte

---

100a) Nunmehr auch in: S. Hellmann, Ausgew. Abhandl. z. Historiographie u. Geistesgesch. d. MA. 1961.

101) Über Heinrich III. Kirchenreform s. Desiderius v. Monte Cassino, Liber IV dialogorum de miraculis S. Benedicti. Ausg. v. Gerh. Schwartz u. A. Hofmeister in MG SS XXX. Desiderius ist d. spätere Papst Victor III.

102) Für die Zustände in Rom vor Heinrichs III. Eingreifen s. bes. Bonizo v. Sutri (s. S. 68), der alle „Bedrückungen" der Kirche zusammenstellt.

des deutschen Herrschers auf. So spielt von da an die Regierungstätigkeit der Päpste weitgehend in die deutsche Geschichte hinein. Den ganzen Umfang ihrer Bullen, Breven, Korrespondenzen verzeichnen die *Regesta pontificum Romanorum*[103]).

Fragen wir nach Lebensbeschreibungen der Päpste, so bietet der *Liber Pontificalis*[104]) nur dürftigen Inhalt. Erst im 12. Jahrhundert hat Pandulf, ursprünglich Soldat, später Geistlicher, an den alten 891 endenden Liber Pontificalis anknüpfend, eine zunächst unbedeutende, erst allmählich etwas gehaltvoller werdende Fortsetzung bis 1130 angeschlossen, die zunächst nur in der von Petrus Guillermus, einem Mönch in St. Gilles (Diöz. Rheims), ausgeschriebenen Form bekannt war. I. M. March, S. J. hat jedoch um 1925 in der Bibliothek von Tortosa (Spanien) den originalen Text des Pandulf gefunden und herausgegeben. Was sonst an Nachrichten vorhanden ist, aus biographischen Notizen und bei den Schriftstellern, ist von Watterich in den Pontificium Romanorum . . . vitae I. II. 1862 (bis 1198) vereinigt.

Selbständige Arbeiten gab es nur wenige, so für Leo IX. einige Viten, von denen die bisher einem Archidiakon Wibert von Toul zugeschriebene *Vita Leonis IX.* von Humbert von Silva Candida verfaßt ist[105]). Auch Gregor VII. hat keine befriedigende und von einem Zeitgenossen überhaupt keine Lebensschilderung erfahren. Erst 1128 hat Paul, Mönch in Bernried am Starnberger See, eine ausführliche, aber stark legendarisch durchsetzte *Vita* geschrieben, apologetisch und voll Abneigung gegen Heinrich IV. Sie beruht auf Nachrichten, die er in Italien gesammelt hat, und auf sonstigen, uns bekannten Quellen[106]).

---

103) Jaffé, Regesta Pont. Rom. 2. A. s. Qk I6, S. 87.

104) Ausg.: v. Duchesne II. 1892 (Neudruck 1955), dazu nunmehr auch Tome III: Additions et corrections . . . par C. Vogel, 1957, der die Viten von Paschalis II., Gelasius II., Calixtus II. u. Honorius II. nach d. Text der Hs. v. Tortosa abdruckt.

105) Ausg.: Watterich, Pontificum Roman. vitae I, 127—170. Humbert als Verfasser wies nach: H. Tritz, Die hagiographischen Quellen z. Gesch. Papst Leos IX., Studi Gregoriani 4 (1952) 191—364.

106) Ausg.: Watterich Pontificum Romanorum vitae I 474—546; neue Ausg. für die MG von H. Fuhrmann in Vorbereitung, vgl. H. Fuhrmann, Studi Gregoriani 5 (1956).

Zu den Hauptquellen für die Zeit Gregors VII[107]) gehört das berühmte

Registrum Gregorii VII.[108]).

Diese Sammlung von rund 360 (meist) Briefen und (einigen) Akten, deren Empfänger Herrscher, Kirchenfürsten und weltliche Große aller Art in allen Landen sind, die zum größten Teil doch Deutschland und dem Imperium angehören, bietet den umfassendsten Einblick in die Grundsätze und die Regierungspraxis Gregors.

Man hielt die einzigartige Sammlung fast allgemein für eine Auswahl aus den Registerbänden, die von Gregor selbst zur Rechtfertigung seiner Kirchenpolitik, speziell im Imperium, zwischen 1081 und 1086 veranlaßt sei. Als Verfasser galt manchen der Kardinal Deusdedit. Doch hat W. Peitz, S. J. 1911 nachgewiesen, daß wir nicht eine Auswahl, sondern das *vollständige* und *originale* (Brief-) *Register* vor uns haben, das abschnittweise nach den Konzepten vom Pfalznotar Rainer geschrieben ist, nicht ohne längere Unterbrechungen und Lücken (so im Winter 1076/77 während Gregors Reise und zum Schluß unvollständig[109]). Diese Ansicht wird neuerdings wieder in Zweifel gezogen. So hat F. Bock das Register schon wegen seiner sauberen Eintragungen nicht als das Originalregister angesehen[110]) und es später[111]) noch im Vergleich mit den Registern Innozenz III.[112]) als eine nachträglich aus Briefkonzepten zusammengestellte „Prachthandschrift" (nach Denifle) hingestellt. L. Santifaller meint[113]), daß das Register Gregors VII. kein Kanzleiregister, sondern eine Sammlung ist, die wohl auf Gregors

107) Zu vielen Einzelproblemen nunmehr: Studi Gregoriani, hrsg. v. G. B. Borino, bisher Bd. 1—5, Roma 1947—1956.

108) Ausg. zuerst von Ph. Jaffé, Bibl. rer. Germ. II; neue mustergültige Ausg. v. E. Caspar, MG Epp. sel. II, Teil 1, 2. 1920—23 (Neudruck 1955); dazu nunmehr: Quellen u. Forschgn. zum Urkunden- und Kanzleiwesen Papst Gregors VII. Teil 1: Quellen, Urkk., Regesten, Facsimilia. Unter Mitw. v. . . . hrsg. v. L. Santifaller (Studi e Testi 190) Roma 1957. Ferner J. Autenrieth, DA 13 (1957) 534—538.

109) W. Peitz, Das Registrum Gregorii VII. in SB WA 1911 mit Schriftprobe.

110) F. Bock, Studi Gregoriani 1 (1947) 280—306.

111) F. Bock, Studi Gregoriani 6 (1956) 243—279; ferner G. B. Borino Note gregoriane Nr. 4 und 5, ebda. 5 (1956) 391 ff.

112) Über diese siehe S. 127 f.

113) L. Santifaller, Beiträge z. Gesch. d. Beschreibstoffe im MA Teil 1 (MIÖG, Erg.-Bd. 16,1) 1953, S. 112 f., dort S. 94 ff. die ältere Lit.

Anweisung in den Jahren 1073—1083 (allmählich und teils gleichzeitig mit den betreffenden Stücken) aus Originalen, Konzepten und Registereintragungen zusammengestellt wurde. — Außer den im Register überlieferten sind noch etwa 50 Briefe Gregors erhalten[114]).

Eine besondere Beachtung verdienen im Register die 29 Leitsätze Reg. Greg. (ed Caspar) II, n. 55 a, die Gregor vor der Fastensynode 1075 aufgestellt hat: der sog. *Dictatus Papae*. Seine Bedeutung ist umstritten. Nach R. Koebner (in der Festschrift für R. Holtzmann 1933) sollten diese zweifellos selbst formulierten Sätze der Fastensynode zur Annahme in Form einer päpstlichen Allokution vorgelegt werden. K. Hofmann (Der Dictatus Papae, 1933) sieht darin den Entwurf für eine Privilegiensammlung des päpstlichen Stuhles; eine Reihe von Sätzen sei unverkennbar gegen die Ostkirchen gerichtet. Julia Gauss[115]) möchte — als Vermutung — darin das Konzept der päpstlichen Unionsbedingungen sehen, die Gregor der griechischen Kirche auferlegen wollte. G. B. Borino[116]) sah in ihm den Index zu einer verlorenen, K. Hofmann[117]) zu einer geplanten Kanonessammlung.

Die vermittelnde Rolle, die der einflußreiche Abt Hugo von Cluny (1049—1109) zwischen Kaiser und Papst gespielt hat, tritt in den verschiedenen Viten, die ihm zuteil wurden, nicht hervor. Einzig die Vita seines Neffen Rainald (Abt von Vézelay, 1106—1128) berichtet aus eigener Kenntnis über den Versöhnungsversuch Hugos zwischen Gregor VII. und Heinrich IV. im Jahre 1083[118]).

Zu dem Rüstzeug, das die Kurie im Kampfe um die Herrschaft über die Kirche und die Beseitigung der Laiengewalt brauchte, gehörte natürlich auch die ganze Summe früherer Kundgebungen, die — von Konzilien und Päpsten erlassen — die Rechts- und Machtansprüche des Papsttums

114) Ausg. bei Jaffé, Bibl. rer. Germ. II.

115) ZSSRG Kan. Abt. 60 (1940) 1—115.

116) Archivio della Società Romana di storia Patria 67 (1944) 237—252.

117) Studi Gregoriani 1 (1947) 531—537. Vgl. ferner zum Dictatus papae: P. E. Schramm, Studi Gregoriani 2 (1947), St. Kuttner, ebda. Der Dictatus Papae von Avranches ist eine erweiterte Fassung des 12. Jahrhunderts vgl. B. Jacqueline, Revue d'histoire de droit français et étranger 34 (1956).

118) Über die verschiedenen Viten s. WH I 794—796. Auszug aus der Vita Rainalds: MG SS XV,2 940 f.

in vergangenen Jahrhunderten umfaßten. So gewannen die Sammlungen dieser Kundgebungen praktische Bedeutung im Kampf um Zölibat, Simonie und Investitur. Sie wurden nun, wie einst in den Tagen des 9. Jahrhunderts, in Kanonessammlungen zusammengefaßt[119]). Genannt seien:

Schon im Anfang des 11. Jahrhunderts hatte Bischof Burchard von Worms seine *20 libri decretorum* zusammengestellt[120]).

Etwa um 1050 oder später wurde in Rom die sog. *74-Titel-Sammlung* (Collectio LXXIV titulorum oder Diversorum sententiae patrum) zusammengestellt[121]), sie ist das erste Rechtsbuch der päpstlichen Reformpartei. Es ist bisher noch nicht ganz eindeutig geklärt, ob Humbert von Silva Candida diese Sentenzensammlung hergestellt hat; um 1077 kam sie durch päpstliche Legaten nach Deutschland, wo sie von Bernold von Konstanz um einen Anhang vermehrt wurde[122]).

Dann folgt um 1080 die große Sammlung des Bischofs Anselm von Lucca († 1086): collectio canonum in 13 libros distributa[123]): sie soll die neue Gesetzgebung aus den Canones rechtfertigen.

Von nachhaltigster Wirkung war schließlich (1087) die Collectio canonum des Kardinals Deusdedit († 1099)[124]). Hier sollte der Beweis erbracht werden, daß die päpstlichen Vorrechte allen andern Rechten in der Kirche vorgehen und überlegen seien.

Hierher gehört auch der Liber de vita christiana des Bischofs Bonizo von Sutri, der auch publizistisch tätig war[125]).

Einen mehr vermittelnden Standpunkt nahm einer der bedeutendsten Kanonisten vor Gratian, Bischof Ivo von Chartres

---

119) Vgl. hierzu Paul Fournier et G. Le Bras, Histoire des collections canoniques en occident depuis les fausses décrétales jusqu'aux Décret de Gratien. 2 Bde. 1931—1932.

120) Ausg. Migne, PL 140, 537—1058. WH I 211. F. Pelster in: Miscellanea Giov. Mercati II, 1946 (Studi e Testi 122), S. 114—157; ders. Studi Gregoriani 1 (1947); C. G. Mor, ebda.; A. Michel, ebda. 3 (1948). E. Seckel (hrsg. v. H. Fuhrmann), DA 15 (1959) 16—22.

121) Eine krit. Ausgabe wird von J. Gillchrist vorbereitet.

122) Über die Lit. und Bernold als Verfasser des Anhangs: J. Autenrieth, Bernold v. K. und die erweiterte 74-Titel-Sammlung, DA 14 (1958) 375—394. Über Humbert siehe auch S. 65; über Bernold siehe auch S. 66.

123) Ausg.: bis zum 11. Buch von F. Thaner, 2 Bde. 1906 u. 1915. R. Montanari, La collectio canonum di S. Anselmo di L. e la riforma Gregoriana, Roma 1941; A. Stickler, Studi Gregoriani 2 (1947).

124) Ausg. v. V. Wolf v. Glanvell, Bd. 1, 1905.

125) Ausg. v. E. Perels, 1930 (Texte z. Gesch. d. röm. u. kanon. Rechts im MA., 1). — U. Lewald, Bonizo v. S. und d. Kirchenrecht seiner Tage, 1938. Siehe auch S. 68.

(s. auch S. 70) in seinem Decretum (libri XVII) und seiner Panormia (libri VIII) ein[126]).

Dazu kam noch das berühmte *Papstwahldekret*, das unter Nicolaus II. auf der Lateransynode von 1059 erging und dessen Verfasser wahrscheinlich Humbert von Silva Candida ist[127]).

Im Gegensatz zu dem bisher geltenden Rechte, wonach Klerus und Volk von Rom den Papst wählten, wurde die Wahl ausschließlich in die Hand des Kardinalkollegiums gelegt; für Klerus und Volk blieb nur eine formelle Zustimmung. Dadurch wurde vor allem auch der Einfluß des römischen Adels ausgeschaltet. Über das Recht des deutschen Königs, wie es noch Heinrich III. ausgeübt hatte, findet sich nur ein unklarer Vorbehalt.

Die Publizistik des Investiturstreits

Manche Geschichtsschreiber aus den Zeiten des großen kirchenpolitischen Kampfes haben bereits Briefe, Akten und Urkunden im Wortlaut in ihre Darstellung aufgenommen. Es hat aber darüber hinaus eine sehr zahlreiche und umfangreiche publizistische Literatur gegeben, die nunmehr in den Monumenta Germaniae gesammelt, als *„Streitschriften"*, *„Libelli de Lite"* bezeichnet und herausgegeben worden sind[128]).

126) Ausg. Migne, PL 161. Lit. siehe S. 70, Anm. 165.

127) Ausg.: MG LL sect. IV, Const. I nr. 382, die sog. kaiserl. Fassung nr. 383. Grundlegend noch jetzt P. Scheffer-Boichorst, D. Neuordnung d. Papstwahl durch Nikolaus II. 1879, der die Echtheit der sog. päpstl. Fassung und die kaiserl. Fassung als Fälschung erwies. — Zur Verfasserfrage A. Michel, Papstwahl u. Königsrecht od. d. Papstwahlkonkordat v. 1059, 1936, hierzu Hampe-Baethgen, Dt. Kaisergesch.[10] 1949, 36. Neuerdings H.-G. Krause, D. Papstwahldekret v. 1059 u. s. Rolle i. Investiturstreit. Diss. Hamburg 1954.

128) MG, Libelli de lite imperatorum et pontificum saec. XI et XII conscripti, 3 Bde. 1891 bis 1897 (Neudruck 1—3, 1957). Viele dieser Schriften sind bereits vorher einzeln, an sehr verschiedenen Stellen publiziert gewesen, jetzt aber zumeist nur in der neuen kritischen Ausgabe zu benutzen. (Vgl. auch vorher S. 34 f.) Eine erste Auswertung hat C. Mirbt, Die Publizistik im Zeitalter Gregors VII., 1894 unternommen; genaue Analysen d. wichtigeren Schriften von G. Meyer von Knonau, Jbb. Heinr. IV. u. Heinr. V. Bd. II—VII, 1894—1909 (siehe die Inhaltsverzeichnisse in jedem Bd.); ferner A. Scharnagl, Der Begriff der Investitur in den Quellen und der Literatur des Investiturstreits, 1908. R. Holtzmann in WH I 394—414: Streitschriften aus Deutschland. Dort auch die ältere Lit. A. Fauser, D. Publizisten des Investiturstreits. Persönlichkeiten u. Ideen. Diss. München 1935. DW 6144.

Sie sind nach Form, Umfang und Inhalt sehr verschieden. Neben die Prosa tritt manchmal dichterische Gestaltung. Neben Briefen und kurzen Formulierungen von Forderungen und Grundsätzen stehen ausführliche, gelehrte Erörterungen über einzelne der umstrittenen Probleme oder grundsätzliche Darlegungen des Verhältnisses zwischen Staat und Kirche, geistlicher Gewalt und weltlicher Obrigkeit. Allen, soweit sie hierher gehören, ist gemeinsam, daß sie unmittelbar auf die Zeitgenossen, sei es auf einen bestimmten Kreis, sei es auf die Allgemeinheit, wirken und zur Parteinahme veranlassen wollen. Die einen suchen mit ruhigen, abwägenden Erörterungen, die andern durch leidenschaftliche Verteidigung der eigenen Überzeugung, durch scharfe, ja gehässige Bekämpfung des gegnerischen Standpunktes Eindruck zu machen und Erfolg zu erzielen. Je länger der Kampf dauert, um so mehr geht man von der Polemik um Grundsätze zur Erörterung der einzelnen Streitpunkte, insbesondere über die Investiturfrage, über. Dieser Kampf der Kurie gegen die Laieninvestitur ist zugleich ein Kampf gegen das Wesen und die Handhabung der „Eigenkirche"[129]). Vermittelnde Anschauungen machen sich schließlich mit Erfolg geltend. Für die Verhandlungen und Lösungsversuche unter Heinrich V. bis zum Wormser Konkordat ist die literarische Erörterung und Annäherung nicht ohne Bedeutung und Einwirkung geblieben.

Die Verfasser sind fast ausnahmslos Geistliche. Auch die Schreiben Heinrichs IV., die hierher gehören, sind ja von Geistlichen (Beamten der Kanzlei) verfaßt. Die italienischen Juristen beteiligen sich kaum an diesen literarischen Kämpfen; wo es geschieht (Petrus Crassus), wird nicht mit staatsrechtlichen Begriffen, sondern mit den Grundsätzen des römischen Privatrechts operiert. Auch die antigregorianischen Schriften stehen auf dem Boden der Kirche; sie sind nicht kirchenfeindlich. Sie wollen nur eine gegnerische Partei innerhalb der Kirche bekämpfen. Bemerkenswert ist das Auftreten naturrechtlicher Begründungen[130]), so auf seiten der Kurie bei Manegold von Lautenbach

---

129) S. dazu besonders Scharnagl. Über das Eigenkirchentum vgl. U. Stutz, Die Eigenkirche als Element des mittelalterlich-germanischen Kirchenrechts 1895 (Neudruck 1955 u. 1959 mit Lit. bis 1955). „Unter Eigenkirche versteht man ein Gotteshaus, das dem Eigentümer oder besser einer Eigenherrschaft derart unterstand, daß sich daraus über jene nicht bloß Verfügung in vermögensrechtlicher Beziehung sondern auch volle geistliche Leitungsgewalt ergab." Stutz in Realencykl. f. prot. Theol. u. Kirche.3. A. Bd. 23. 1913. H. E. Feine, Kirchl. Rechtsgesch. Bd. 1: Die kathol. Kirche, ^{3}1955, § 18: Das Eigenkirchenwesen.

130) S. Fritz Kern, Gottesgnadentum und Widerstandsrecht im früheren MA. 2. Aufl. hrsg. v. R. Buchner, 1954.

(s. S. 67). Alle Schriften sind lateinisch abgefaßt. Sie haben trotzdem zum Teil weite Verbreitung, manche auch außerhalb des Imperiums, gefunden und nicht unbedeutende Wirkung gehabt. Nicht selten haben die Verfasser sich der Form des Briefes bedient; diese Schreiben waren zur Verbreitung, also Veröffentlichung bestimmt.

In den libelli de lite sind im ganzen rund 150 Schriften von etwa 80 Verfassern vereinigt. Es muß aber erheblich mehr gegeben haben. In den erhaltenen Schriften finden sich Spuren von verlorenen. Manche sind in der Folgezeit noch von kirchlicher Seite unterdrückt oder noch im 16. Jahrhundert auf den Index gesetzt worden (so die berühmte Schrift *De unitate ecclesiae conservanda*, s. S. 69).

Diese Schriften sind zum weitaus größten Teil im Imperium, in Deutschland und Italien entstanden, nach Zahl und Verfassern etwa gleichviele nördlich und südlich der Alpen. Etwa 20 stammen aus Frankreich, 6 aus England, 1 aus Spanien. Sie beginnen bereits von der eigentlichen Epoche des sog. Investiturstreits, in den Tagen, als nach der Restauration durch Heinrich III. das Papsttum vor allem unter dem Einfluß Hildebrands (des späteren Gregor VII.) bestrebt ist, die Forderungen der vertieften religiösen Bewegung jener Generation sich anzueignen und in die Praxis umzusetzen, in erster Linie die Bekämpfung der Simonie und der Priesterehe.

In den Tagen von Gregors Pontifikat überwiegt der deutsche, vorher und hinterher der italienische Ursprung. Sie sind fast gar nicht von den großen geistlichen Zentren ausgegangen (keine aus Cluny oder Mailand, unter Gregor keine aus Rom).

Ihrer Entstehungszeit nach gruppieren sie sich vornehmlich um bestimmte Ereignisse, insbesondere: 1076 (Ausbruch des offenen Kampfs zwischen Heinrich IV. und Gregor VII.)[131]), 1080 bis 1081 (Absetzung Gregors und Eindringen Heinrichs in Italien), 1084—1086 (letzter Kampf mit Gregor und Möglichkeit einer Beilegung des Zwists nach seinem Tode), dann wieder um 1111 (die Erneuerung des Konflikts mit Paschalis II.).

Die wichtigsten Themata und Streitfragen, die in dieser polemischen Literatur behandelt werden, sind: der Zölibat, die Simonie, der Streit über die Gültigkeit der durch verheiratete oder simonistische Priester gespendeten Sakramente, dann vor allem das Investiturrecht, die Exkommunikation des Königs (Rechts-

---

131) Über Heinrichs Manifest an d. Römer (d. verschiedenen Fassungen) s. Erdmann in: Die Briefe Heinrichs IV. (s. S. 37, Anm. 19).

frage und Schuldfrage), die Absetzbarkeit hier des Königs, dort des Papstes.

In der ersten Zeit, vor der Wahl Gregors VII., steht die Simonie[132]) im Vordergrund wie des Kampfes, so auch der Diskussion[133]). Nirgends stand sie mehr in Blüte als in Italien. Etwa um 1054/55 hat sich Humbert von Silva Candida in einem heftigen Schreiben[134]) wohl an König Heinrich I. von Frankreich dagegen gewendet. Dann folgen, von besonderer Wichtigkeit, in den fünfziger Jahren:

1. Die *libri tres adversus Simoniacos* (abgeschlossen wohl im Sommer 1058) von Humbert, (seit 1051) Kardinalbischof von Silva Candida († 1061), die man wohl als das Programm der kurialen Reformpartei bezeichnet hat[135]), „wohl die hervorragendste publizistische Leistung der ganzen Zeit" (Hampe). Sie führten den Kampf zugleich gegen Laieninvestitur und Eigenkirchenrecht.

2. Von Petrus Damiani, Abt von Fonte Avellana und (seit 1057) Kardinalbischof von Ostia († 1072), der *Liber gratissimus*[136]), schon 1051 (2. Redaktion 1060), d. h. die Untersuchung der Frage, ob Geistliche, die von Simonisten, aber ohne Entgelt (gratis) ordiniert sind, unter gewissen Umständen als geweiht anerkannt werden dürfen. In der *Disceptatio synodalis*[137]) von 1062 hat Petrus Damiani, der im übrigen der maßvollen, bis zu einem gewissen Grade kaiserfreundlichen Re-

132) Simonisten sind diejenigen, die sich der Simonie schuldig machen, d. h. kirchliche Ämter erlangen oder verleihen gegen irgendwelchen, nicht mit dem Amte verbundenen materiellen Entgelt, was von der Kirche unter Strafen verboten war. Der Name nach dem Simon Magus der apostolischen Zeit, dem samaritanischen Zauberer; vgl. J. Leclercq, Studi Gregoriani 1 (1947) 523—530; A. Kupper, Beitrr. z. Problem d. Simonie im 11. Jht. Diss. Mainz 1954 u. H. Meier-Welcker, Die Simonie im frühen MA, Zs. f. Kirchengesch. 64 (1953) 61—93, der jedoch den Invest-Streit nicht mehr behandelt. Über das Simon Magus-Motiv i. d. Streitschriftenliteratur J. Szövérffy, Traditio 10 (1954) 275—322 und auch DA 13 (1957) 228—240.

133) Fast alle im folgenden genannten Schriften sind in den Libelli de lite (LdL) der MG herausgegeben.

134) LdL I 5—7 als Brief Widos von Arezzo an Aribert von Mailand. Die Autorschaft Humberts wies nach A. Michel, Die antisimonistischen Reordinationen u. eine neue Humbert-Schrift, Römische Quartalschr. 46 (1938) 19—56.

135) Ausg.: LdL I 95—253; nach der Schrift, die auch bereits die Laieninvestitur bekämpft, ist die Investitur ein rein geistlicher Akt. Zu Humbert zusammenfassend A. Michel, Studi Gregoriani 1 (1947) 65—92; ferner ders., Studi Gregoriani 3 (1948) 149—161 u. 299—319, u. HJb. 72 (1952) 133—161; J. J. Ryan, Mediaeval Studies 13 (1951) 218—223 u. 20 (1958) 206—238.

136) Ausg.: LdL I, 17—75.

137) Ausg.: LdL I, 77—94, dazu P. Scheffer-Boichorst, MIÖG 13 (1892).

formrichtung angehörte, für Alexander II. gegen Cadalus Partei genommen, tritt aber auch hier für einen Ausgleich ein. Besonders aufschlußreich für Personen u. Verhältnisse an der Kurie sind seine zahlreichen *Briefe*[138]).

Aus *der ersten Phase des offenen Kampfes zwischen König und Papst* (1076—1080) gehören hierher die Kundgebungen Heinrichs und der Bischöfe aus *Worms* und *Oppenheim* (Januar, März, Oktober 1076) an den Papst[139]) und Gregors Erwiderungen[140]): sie sind in erster Linie publizistisch zu würdigen. In den Reihen der Gegner des Königs beginnt bereits Bernold von St. Blasien (s. S. 54 u. 61) seine fruchtbare, von kanonistischem Denken und Argumentieren getragene polemische Schriftstellertätigkeit[141]). Ein Pamphlet gegen Gregor über sein Leben und seine Erhebung von seinem erbitterten Gegner, dem Kardinal Hugo Candidus (dem Weißen) ist leider nicht erhalten.

Mit der erneuten Bannung Heinrichs IV. und seinem direkten Vorgehen gegen Gregor verschärft sich 1080 auch der literarische Kampf. Dietrich, Bischof von Verdun (der freilich bald Buße tut), Huzmann, Bischof von Speier[142]), Egilbert, Erzbischof von Trier, treten offen für Heinrich IV. ein. Besonders geschätzt ist mit Recht der Brief, den der Scholastikus Wenrich von Trier im Auftrage Bischof Dietrichs von Verdun an Gregor VII. gerichtet hat[143]): gegen die mönchischen Elemente und die zentralistisch hierarchischen Bestrebungen in der Kirche. In Italien gab Petrus Crassus aus Ravenna, der Verfasser des Dekrets der Brixener Synode, als Jurist in seiner

---

138) Zu Petrus D. nunmehr zusammenfassend: F. Dressler, Petrus Damiani, Leben u. Werk. (Studia Anselmiana, 34) 1954. Seine Briefe noch bei Migne PL 144, 145; eine Neuausgabe für die MG von K. Reindel ist in Vorbereitung, vgl. K. Reindel DA 15 (1959) 23—102 u. 16 (1960) 73—154.

139) MG, Deutsches MA, Bd. 1: Briefe Heinrichs IV. nr. 11 u. 12, dazu Anhang A u. B.

140) J—L 4979 4999. Jaffé Bibl. II 222 ff.; 245 ff. Reg. Gregorii VII, III, nr. 6*, 10, 10 a.

141) Bernolds Schriften LdL II 1—168. Über ihn ausführlich J. Autenrieth, Die Domschule v. Konstanz z. Zt. d. Investiturstreits (Forschgn. z. Kirchen- u. Geistesgesch. N. F.) 1956.

142) Über ihn J. E. Gugumus, Arch. f. mittelrhein. Kirchengesch. 3 (1951) 77—144.

143) LdL I 284—299. Meyer v. Knonau, Jbb. Heinr. IV. u. Heinr. V., Bd. III, 407—415. WH I 399 f.

Schutzschrift für Heinrich *(Defensio Heinrici regis)* den Anschauungen seiner Anhänger Ausdruck[144]).

Die Geschichte des Kirchenstreits, die der auch von den Gegnern hochgeschätzte Erzbischof Gebhard von Salzburg (1060—1088), der Führer der kirchlichen Gregorianer in Südostdeutschland, geschrieben hat, ist leider verloren, aber seine Briefe an Bischof Hermann von Metz, auch ein Haupt der gregorianischen Partei, von 1081[145]) und 1084[146]) unterrichten uns über seinen Standpunkt. An denselben Bischof Hermann von Metz hat 1081 Gregor VII. jenen berühmten Brief geschrieben, der mit Recht als ein Parteiprogramm großen Stils bezeichnet wurde[147]). Noch zu Gregors Lebzeiten verfaßt, aber erst später publiziert, ist die grobe Antwort des Manegold von Lautenbach (Kloster im Oberelsaß, † vor 1109—1112) an Wenrich[148]) charakteristisch durch die Enge des Gesichtskreises und auch von seinen Freunden gering eingeschätzt, doch bedeutsam vor allem deshalb, weil Mangold den Begriff der Volkssouveränität aufgreift und als einer ihrer ersten mittelalterlichen Vertreter gilt[149]).

Schon Anfang 1082 hatte Heinrich IV. sein *Manifest an die Römer* erlassen[150]). An den Romzug knüpfen sich weitere Schriften von beiden Seiten: so von kaiserlicher Seite die (1084, auf Wunsch des Erzbischofs Liemar von Bremen und des Bischofs

---

144) LdL I 434—453. Wohl schon 1080, dann 1084 umgearbeitet als rechtliche Unterlage von Heinrich auf der Synode zu Rom verwendet. S. dazu Mirbt, Publizistik 18 ff.; K. Jordan, Der Kaisergedanke in Ravenna z. Z. Heinr. IV., DA 2 (1938) u. ders. Ravennater Fälschungen aus d. Anfängen d. Inv.-Streites, AUF 15 (1938).

145) Meyer v. Knonau, Jbb. Heinr. IV. u. Heinr. V. Bd. III, 354—361. Ausg.: LdL I 263—279. Vgl. S. Salloch, Hermann v. Metz, 1931; H.-D. Wenzel, Das Bistum Metz während d. Invest.-Streits. Diss. Frankfurt 1951.

146) Ein weiterer Brief Gebhards an Hermann v. Metz, gegen die Gültigkeit der Erhebung Clemens III. 108 ff. erhalten bei Hugo v. Flavigny (s. S. 74) u. im Cod. Udalrici (s. S. 38) Salloch, S. 47.

147) Meyer v. Knonau, Jbb. Heinr. IV. u. Heinr. V., Bd. III, 368 bis 373. Gregorii VII. Registrum VII, 14 a u. VIII, 21 (ed. Caspar 2, 544 f.); zu VII, 14 a: H. X. Arquillière, Recherches de science religieuse 40 (1952) 231 ff.

148) *Liber ad Gebehardum* (Eb. v. Salzburg). „Wohl das Gehässigste und Skrupelloseste, was die an Haß und Leidenschaft reiche Periode des Investiturstreits hervorgebracht hat" (R. Holtzmann). Ausg.: LdL I 308—430. WH I 401 ff.; Scharnagl 43 ff.; DW 6267.

149) O. Gierke, Das dt. Genossenschaftsrecht, Bd. III, 1881 (Neudruck 1955) 563 ff.

150) Meyer v. Knonau, Jbb. Heinr. IV. u. Heinr V., Bd. III, 433—436.

Benno von Osnabrück) von Wido (1090 Domprobst, 1093 bis 1101 selbst Bischof) von Osnabrück verfaßte, nur im Auszug erhaltene Schrift[151]) über den Streit zwischen Kaiser und Papst *(liber de controversia inter Hildebrandum et Heinricum imperatorem)*, die mit scharfen Worten Gregor die Schuld am Kampfe zuspricht; aus den Reihen der Gegner, vermutlich im Auftrag der gregorianischen Bischöfe, von dem Hildesheimer Domscholaster Bernhard, auch B. von Konstanz († 1088) genannt, dem Lehrer Bernolds, der *Liber canonum contra Heinricum IV.*[152]).

Der Tod Gregors beendet weder den Kampf noch auch den literarischen Streit. Neue Schriften sendet jetzt Bernold aus; er und Anselm von Lucca *(Liber contra Wibertum*[153]), um 1085—1086), bekämpfen den Gegenpapst Wibert (Clemens III.). Einen stark tendenziösen Rückblick auf den Kampf Gregors gibt Bonizo (Bonitho), Bischof von Sutri (später von Piacenza, † 1091) in dem wohl seiner Beschützerin, der Gräfin Mathilde von Tuscien, gewidmeten *Liber ad amicum* (1085—1086)[154]).

Für Heinrich IV. treten nicht nur die widerwärtigen Schmeichelverse Benzos, des Bischofs von Alba († 1089)[155]), in seinen Libri VII an Heinricum IV. ein, sondern bald nach dem Tod Gregors VII. vor allem die höchst bedeutende Schrift des Bischofs Wido von Ferrara (seit 1086) für die staatlichen Rechte und zugunsten der Anerkennung Wiberts von Ravenna (Clemens III.). *Liber de scismate Hildebrandi*[156]).

Auch in den Tagen Urbans II. geht die Fehde weiter. Auf der Synode zu Clermont (1095) wurde der Investiturbegriff verschärft: Verbot des Lehnseids an Laien. Unentwegt kämpfte in neuen Schriften Bernold vergeblich für die gregorianische

[151]) Ausg.: MG LdL I 461 ff. Meyer v. Knonau III, 5:4—591.

[152]) Ausg.: LdL I 470—516. WH I 401 (Lit.). Bernhard gilt als der Urheber der Hildesheimer Briefsammlung, s. S. 38.

[153]) Ausg.: LdL I 517—528.

[154]) Liber ad amicum sive de persecutione ecclesiae libri IX, Ausg.: MG LdL I 571—620. Sein Bericht ist jedoch nicht frei von Tendenz. Zu seinen kirchenrechtlichen Schriften s. U. Lewald, An der Schwelle d. Scholastik, B. v. S. u. das Kirchenrecht seiner Tage, 1938; F. Nasalli Rocca di Corneliano, Studi Gregoriani 2 (1947) 151—162.

[155]) Die Dichtungen sind erst nach und nach entstanden (bis 1088). Ausg. von H. Lehmgrübner 1887. DW 6127. P. E. Schramm, DA 1 (1937) 389 ff.

[156]) MG LdL I 532—567; Meyer v. Knonau, Jbb. Heinr. IV. u. Heinr. V., Bd. IV, 142—150. Hierzu nun K. Jordan, Die Stellung Wiberts v. Ravenna i. d. Publizistik d. Investiturstreits, MIÖG 62 (1954) 155—164.

Sache[157]). Damals kam, für Heinrich IV. eintretend, eine der allermächtigsten Streitschriften der ganzen Epoche zum Abschluß, der *Liber de unitate ecclesiae conservanda*[158]), das Buch über die Einheit der Kirche, dessen nunmehr verlorene Handschrift 1519 Ulrich von Hutten in Fulda entdeckt und zuerst (1520) herausgegeben hat. Der Verfasser war nicht Bischof Walram von Naumburg, sondern ein unbekannter Hersfelder Mönch. Diese Schrift richtet sich nicht nur gegen Gregor VII., sondern sie muß auch als Zeugnis der geistigen Auseinandersetzung zwischen den beiden großen Strömungen der Klosterreform des 11. Jahrhunderts, zwischen Gorze und Cluny (Hirsau) angesehen werden[159]).

In den der staufischen Zeit angehörigen *Annales St. Disibodi* (Disibodenberg an der Nahe) ist ein Brief des Bischofs Walram von Naumburg an den Landgrafen Ludwig von Thüringen überliefert, in dem er diesen auffordert, auf die Seite Heinrichs IV. zu treten (1094/95) und dazu die Antwort des Bischofs Herrand von Halberstadt (S. 53), der dies im Auftrag Ludwigs ablehnt[160]).

Gegen Ende des Jahrhunderts (1098) würden die antigregorianischen Schriften, die aus der Mitte der dreizehn 1084 von Gregor VII. abgefallenen Kardinäle im Laufe der letzten Jahrzehnte hervorgegangen waren, in einer Sammlung zusammengefaßt, woran besonders der Kardinal Beno (auch mit eigenen Schriften, so den *Gesta Romanae ecclesiae contra Hildebrandum*) beteiligt war[161]).

Auch vermittelnde Elemente, wie Ivo von Chartres 1099 in einem Briefe an den Erzbischof Hugo von Lyon, versuchten schon, zunächst freilich vergeblich, sich Gehör zu schaffen.

Wie stark noch die Gegensätze der Parteien empfunden wurden, bewies aus den Reihen der Gegenseite die leidenschaftliche Flugschrift des Bischofs Bruno von Segni († 1123) gegen die Simonisten, die viele Nachrichten über Leo IX. bringt. Nach

---

157) Meyer v. Knonau, Jbb. Heinr. IV. u. Heinr. V., Bd. IV, 103 bis 110, 434—437; Bd. V, 105 ff.

158) Ausg. v. Schwenkenbecher in MG LdL II 173—284, dazu Bemerkgn. von Sackur. Auszugsweise übers. bei Gundlach II, 590—626. A. Fauser, D. Publizisten d. Inv.-Streits, Diss. München, 1935, 116—121. WH I 406—409.

159) K. Hallinger, Gorze-Kluny (s. S. 24, Anm. 84), 454 ff.

160) Ausg. MG LdL II 285 ff., vgl. III, 734. WH I 409.

161) Ausg. dieser Schriften: LdL II, 366—422. Fauser (s. oben, Anm. 158) 60—68.

Bruno kann nur ausnahmsweise eine unwissentlich durch einen Simonisten empfangene Ordination gültig sein[162]).

Als Paschalis II. den Grafen Robert von Flandern zum Kampf gegen Heinrich IV. und dessen treuen Anhänger Bischof Otbert von Lüttich aufrief, trat Sigebert, Mönch in Gembloux, der schon 1075 gegen die behauptete Ungültigkeit der Messen verheirateter Priester das Wort ergriffen hatte, mit großer Lebhaftigkeit gegen solchen Versuch der Friedensstörung auf[163]).

Aber schon hatte Kardinal Deusdedit, der Verfasser der Dekretaliensammlung (s. S. 61), den Begriff der Simonie wieder auf seinen ursprünglichen, engeren Sinn zu bringen versucht: Simonist ist, wer irgendwann für sein Amt Geld gegeben hat[164]).

In seinem Briefe an Erzbischof Hugo von Lyon ließ jetzt Bischof Ivo von Chartres den Punkt hervortreten, auf den sich in der Folge, je mehr man von theoretischen Erörterungen auf die praktische Seite des Streites kam, der Kampf konzentrierte: die Investitur, auch von seiten des Königs, ist eine unzulässige Handlung von Laienhand: nur als „concessio", als rein formale Handlung will er sie gelten lassen[165]).

Bei der Erneuerung des Kampfes zwischen Kaiser und Papst unter Heinrich V. treten die anderen Streitpunkte immer mehr hinter dieser für die Königsmacht und Reichsverfassung entscheidenden Frage des *Investiturrechts* zurück. Sie steht seit Paschalis II. im Vordergrunde wie der politischen Verhandlungen so auch der literarischen Diskussion. Für das königliche Recht war in Frankreich Hugo von Fleury zugunsten Heinrichs I. gegen Anselm von Canterbury eingetreten[166]).

Der *Tractatus de investitura episcoporum* wird als die Zusammenfassung der Richtlinien angesehen, die Heinrich V. 1109 seinen Gesandten zu den Verhandlungen mit Paschalis II. mitgab[167]). Aber nach Bischof Rangerius von Lucca waren

---

[162]) *Sermo de symoniacis,* LdL II, 543—565; die Abfassungszeit ist unbestimmt, ob noch unter Urban II. oder Paschalis II.

[163]) Epistola Leodicensium adversus Paschalem papam (1103): LdL II, 451—464, auch im Codex Udalrici (s. S. 38). Über Sigebert s. S. 73.

[164]) *Libellus contra invasores et symoniacos et reliquos schismaticos,* LdL II, 292—365.

[165]) Die Briefe Ivos, die sich auf den Investiturstreit beziehen bei LdL II, 640—657; hierzu nun H. Hoffmann, Ivo v. Chartres u. d. Lösung d. Investiturproblems, DA 15 (1959) 393—440, dort S. 405 f. Lit.

[166]) Tractatus de regia potestate et sacerdotali dignitate, wohl zwischen 1102 und 1105: sacerdotalis dignitas maiestati regiae subest ordine, non dignitate. LdL II, 466—494. WH I 778.

[167]) Ausg.: LdL II, 495—504; WH I 411 f.

Ring und Stab heilige, von Laienhand nicht zu berührende Zeichen[168]).

Die Ereignisse von 1111 haben dann begreiflicherweise zunächst nochmals die Gegensätze in beiden Lagern verschärft und publizistische Kundgebungen veranlaßt. Kaiser und Papst selbst wenden sich wiederum mit Kundgebungen an die Öffentlichkeit[169]). In leidenschaftlichen Briefen schreiben Bruno von Segni (seit 1107 Abt von Monte Cassino)[170]) und in Frankreich Gottfried, Abt von Vendôme[171]), gegen die Zugeständnisse, die Paschalis dem Kaiser gemacht hatte. Für das Recht des Kaisers tritt eine Streitschrift aus dem Kloster Farfa ein[172]).

Aber schon damals wird auch aufs neue in umfangreicher Darlegung ein Ausgleich der widerstreitenden Rechte von Placidus von Nonantula im *Liber de honore ecclesiae*[173]) versucht. Noch einmal freilich stellte sich die Lateransynode von 1112 auf den Standpunkt Gregors VII.; ihre Kundgebungen setzten aufs neue die Federn in beiden Lagern in Bewegung[174]).

Wichtige Nachrichten über die *Legation* des Kardinalbischofs von Palestrina, Kuno von Praeneste (zu 1117) enthält das freilich nicht vollständig erhaltene zweite Buch der *Vita* des Abts Dietger von St. Georgen (seit 1088, † 1120)[175]).

Über das *Reimser Konzil* von 1119 und die ergebnislosen Verhandlungen Heinrichs V. mit Papst Calixt II. haben wir als Hauptquelle einen höchst einseitigen, vom kurialen Standpunkt geschriebenen Bericht von dem Straßburger Scholastikus Hesso[176]).

---

168) De anulo et baculo (in Versen) LdL II, 508—533: Meyer v. Knonau Jbb. Heinr. IV. u. Heinr. V., Bd. VI, 126—128. Rangerius hat auch ein Vita Anselmi, seines Vorgängers Anselm v. Lucca (s. S. 61) in Versen verfaßt; Ausg. von V. de la Fuente, Madrid 1870. Über Rangerius nunmehr P. Guidi, Studi Gregoriani 1 (1947).

169) *Relatio registri Paschalis, Encyclica Heinrici V, Relatio caesaria altera;* MG, Const. I, nr. 83—101 u. andere Dokumente.

170) LdL II, 563—565.

171) LdL II, 676—700.

172) *Orthodoxa defensio imperialis* MG LdL II, 535—542, wahrscheinlich doch nicht von Gregor von Catino, s. Heinzelmann, Die Farfenser Streitschriften, 1904. Über Gregor s. S. 78.

173) LdL II 568—639. M. C. Lilli, Rivista di storia della chiesa in Italia 7 (1953) 100—105.

174) Über diese Schriften s. Meyer v. Knonau Jbb. Heinr. IV. u. Heinr. V., Bd. VI, zu 1112.

175) Vita Theogeri. Ausg.: v. Jaffé MG SS XII. Er wurde 1117 zum B. von Metz erwählt, kam aber nie in den Besitz des Bistums.

176) Relatio de concilio Remensi. Ausg.: v. Wattenbach MG SS XII 422—428 u. LdL III, 21—28; auch im Cod. Udalr. bei Jaffé Bibl. V, 353 bis 365. WH I 412f.; s. auch Zatschek in DA 7 (1944) 48—78, dazu Th. Schieffer in Festschrift für E. E. Stengel, 1952.

Wie stark doch damals auch im Reich noch die kirchlichen Gegensätze aufeinanderstoßen konnten, zeigt die Schrift von Udalschalk, Mönch u. späterer Abt von St. Ulrich und Afra in Augsburg über den Konflikt zwischen seinem Abt Egino (1109—1120) und dem kaiserlich gesinnten Bischof Hermann von Augsburg[177]).

Dann aber findet, nachdem sich die Gemüter beruhigt und Calixt II. auf den Stuhl Petri erhoben ist, nach langen, oft vergeblich erscheinenden Verhandlungen, der halbhundertjährige Kampf um die Investitur zunächst sein Ende durch

das Wormser Konkordat.

Die im September 1122 auf dem Reichstag zu Worms mit den päpstlichen Legaten getroffenen Vereinbarungen konnten und wollten die grundsätzlichen Fragen über die Investitur und das Regalienrecht nicht zur Entscheidung bringen. Aber die praktische Anwendung, über die man sich auch in den literarischen Erörterungen und durch Vermittlungsversuche näher gekommen war, sollten, wenigstens nach allgemeinen Grundsätzen, für die Praxis gelöst werden: in Deutschland Investitur mit den Regalien durch den König vor der Weihe, in Burgund und Italien Verleihung der Regalien nach der Weihe. Über diese Zugeständnisse wurden gesonderte Urkunden ausgestellt[178]).

Die kaiserliche Urkunde[179]) ist im Original im Vatikan erhalten; die päpstliche nur in Abschriften.

Über die verfassungsrechtliche Bedeutung des Wormser Konkordats hatte sich eine lebhafte Erörterung erhoben, seitdem D. Schäfer (1905) die Zugeständnisse des Papstes als nur für die Person und Regierungszeit Heinrichs V. gültig bezeichnet hatte. Die Streitfrage hatte ihren Grund in der längst gemachten Beobachtung, daß die Praxis der folgenden Jahrzehnte den Bestimmungen des Konkordats vielfach nicht entsprochen hat und daß unter Lothar wieder Verhandlungen und Abmachungen

---

177) Udalscalcus de Eginone et Herimanno. Ausg.: MG SS XII, 429—448. WH I 537 f. (G. Tangl).

178) Ausgaben: Const. I nr. 107, 108. MG Zeumer I. n. 5 (1. A., n. 4).

179) Reproduktion: MIÖG 6 (1885) WH I 414, 442.

zwischen Kaiser und Kurie stattgefunden haben. Zur ganzen Frage und Literatur: Meyer v. Knonau, Jbb. Heinr. IV. u. Heinr. V., Bd. VII, 349—354: DW 6325. 6326, bes. A. Hofmeister, Das WK. in: Forschungen und Versuche z. Gesch. d. MA u. d. Neuzeit, Festgabe für D. Schäfer (1915) bes. 66ff. WH I 439—442. Die neuere und ältere Auffassung (von der unbedingten Gültigkeit der päpstlichen Zusagen) stehen auch heute noch einander gegenüber. Eine vermittelnde Anschauung (im Anschluß an Hofmeister) bei Hampe-Baethgen, Dt. Kaisergesch. [10]1949, S. 98: Anerkennung des abgewandelten Reichsgewohnheitsrechts durch die Kurie nach Verzicht des Kaisers auf die Investitur mit Stab und Ring.

Weltchroniken[180])

Das Chronicon universale des aus Irland stammenden Mönches Marianus Scottus (1028—1082 oder 1083)[180a]), der seit 1059 in Fulda, seit 1069 in Mainz als Rekluse lebte, hat, zunächst bis 1073 reichend, dann bis 1087 fortgesetzt, außer einigen Bemerkungen zu den letzten Jahren als Quelle keinen Wert.

Sigebert von Gembloux (Gemblacensis) (etwa 1030—1112, Mönch und seit 1070 Lehrer im Kloster G.) hat um die Jahrhundertwende mit maßvollem Urteil, ohne Parteinahme, obschon er literarisch einst auch gegen Gregor VII. aufgetreten war[181]), eine Weltchronik, „*Chronographia*" verfaßt[182]). Sie zeichnet sich vor allem durch ihren universalen Standpunkt aus.

Freilich ist der Quellenwert dieses Werkes sehr gesunken, seit man entdeckt hat, daß wir meist seine Quellen selbst kennen. Doch sind für die letzte Zeit der Darstellung, die Sigebert zunächst vor 1106 abgeschlossen und dann im ganzen selbst überarbeitet und bis zum April 1111 (Vertrag mit Paschalis) fortgeführt hat, vielfach auch Briefe und Akten verwertet. Schon von Ekkehard von Aura (s. S. 74) in der ersten Form benutzt, ist dann Sigeberts Chronik sehr schnell in vielfachen Abschriften,

---

180) Über Weltchroniken bis Otto v. Freisg. A.-D. v. den Brinken, Studien z. lat. Weltchronistik. Diss. (Münster) Düsseldorf 1957.

180a) MG SS V, 481—568; recensio altera (von 1065—1083) MG SS XIII, 78f. WH I 446ff.

181) Siehe S. 70.

182) Ausgabe: MG SS VI, 300—374. WH I 729—736. J. Beneyto Perez, Studi Gregoriani 2 (1947); A. Boutemy, Scriptorium 3 (1949) 183ff.

namentlich in Belgien und Nordfrankreich, weit verbreitet und mit Fortsetzungen versehen worden[183]).

Mehr eine Geschichte der Diözesen Verdun und Autun ist die Weltchronik des Hugo von Flavigny, der als Mönch von St. Vanne(s), antikaiserlich gesinnt, in die Verbannung zieht und schließlich Abt (1096—1101) von Flavigny (sur Ozerain)[184]) wird, von wo er 1101 vertrieben als Abt v. St. Vanne(s) in das kaiserliche Lager übergeht. Das zweite Buch (die Originalhandschrift ist erhalten) umfaßt das Jahrhundert von 1002—1102 und gibt eine durch viele Aktenstücke unterstützte Erzählung, namentlich für die Ereignisse in den lothringischen Gebieten[185]).

Am Ende der salischen Zeit steht die große, berühmte und bedeutendste der in diese Periode gehörigen Weltchroniken[186]), das *„Chronicon universale"*, das in seinen weitgehendsten Fassungen bis 1125 reicht und (seit Waitz und O. Abel) in seinen sämtlichen fünf Rezensionen als das Werk des Abtes Ekkehard von Aura[187]) (an der fränkischen Saale, † nach 1125) angesehen wurde[188]). Dann aber hat H. Bresslau dargetan, daß die erste grundlegende Fassung der Chronik, die uns — in der in Jena liegenden Originalhandschrift — von 1057 bis zum Ende (1101) erhalten ist, nicht von Ekkehard, sondern mit Sicherheit von dem auch sonst literarisch bekannten Frutolf im Kloster Michelsberg († 1103) bei Bamberg herrührt (Rez. A)[189]). Dieser erhaltene und besonders für die Zeit seit 1071 als Quelle wertvolle Teil der Chronik wird im wesentlichen zu einer Schilderung der Reichsgeschichte und des großen kirchenpolitischen Kampfes mit entschiedener

---

183) Unter den vielen Fortsetzungen in staufischer Zeit ist besonders wichtig die Continuatio Aquicinctina (s. S. 119).

184) Wann er starb, ist unbekannt.

185) Chronicon. Ausg.: MG SS VIII, 288—502. Bemerkenswert ist auch die Aufnahme von Briefen. WH I 623—625.

186) Sie ist im Mittelalter viel benutzt und war in zahlreichen Handschriften verbreitet.

187) Kloster Aura war 1108 von Bischof Otto von Bamberg gestiftet, der 1113 bei der Einweihung Ekkehard als ersten Abt einsetzte: E. war vorher wahrscheinlich in Michelsberg bei Bamberg.

188) Die Chronik galt früher seit der ersten Veröffentlichung 1515 als Werk eines Conrad von Lichtenau, Abt von Ursperg (Chronicon Urspergense).

189) Neben Eigentümlichkeiten der Zeitrechnung und Schriftvergleich half Bresslau auch ein Michelsberger Bibliothekskatalog, der eine Weltchronik von Frutolf, aber nicht von Ekkehard kennt.

Parteinahme für Heinrich IV. Die Weltchronik Frutolfs hat dann Ekkehard, wohl in Michelsberg, nach seiner Rückkehr vom Kreuzzug, nach 1106 in einem für Heinrich abgünstigen Sinn überarbeitet und bis 1106 fortgesetzt (Rez. B)[190]). Dann hat er unter Benutzung von Sigeberts Chronik (s. S. 73) eine Umarbeitung und Fortsetzung mit einer zunächst günstigen Beurteilung Heinrichs V. begonnen, die sich jedoch allmählich in ihrer Einstellung wandelt. Diese Rez. D wurde bis 1125 fortgesetzt. Schließlich hat Ekkehard noch eine stofflich eingeschränkte Umarbeitung bis 1125 verfaßt (Rez. E), deren Gesinnung sich wieder von Heinrich V. abwendet[191]).

Ekkehard war vielfach vortrefflich unterrichtet, er schöpfte auch aus sonstigen Quellen und Akten, so aus den Berichten Hessos zu 1119 (s. S. 71); auch den Text des Wormser Konkordats hat er aufgenommen.

Die Rez. C, eine deutsche Kaisergeschichte von Karl d. Gr. bis 1114 in drei Büchern, bisher auch Ekkehard von Aura zugeschrieben, wurde neuerdings von I. Schmale-Ott als das Werk des Schotten David angesehen[192]). David war unter Bischof Erlung Leiter der Würzburger Domschule und kam 1110 an den Hof Heinrichs V., wo er sich vermutlich ein Jahrzehnt lang aufhielt[193]). Später wurde er Bischof von Bangor in Wales (1120 bis 1139). Doch dürfte die These, David sei der Autor der Rez. C, sicher noch eingehend diskutiert werden.

Wichtige Nachrichten über die letzten salischen Jahrzehnte sind uns auch in einer Reihe von Annalen erhalten:

1. Die verlorenen *Annales St. Albani* (in Mainz), die die Würzburger Annalen (s. unter 2) bis 1109 fortsetzten, enthielten einen wertvollen Bericht über das Auftreten Heinrichs V. und

---

190) In einer Widmung an Heinrich V. hat sich E. selbst als Verfasser genannt. Diese Rez. B. ist ebenfalls im Original in Jena erhalten.

191) Ausg. aller Fassungen, auch die Rez. A (Frutolf) und C als Ekkehards Chronik von Waitz, MG SS VI, 33—265; eine Neuausgabe für die MG wird von I. Schmale-Ott vorbereitet. Übers.: Geschichtsschr. 51. DW 6097. WH I 491—506, A. Wendehorst, DA 16 (1960) 224—226.

192) I. Schmale-Ott, Die Rezension C der Weltchronik Ekkehards, DA 12 (1956) 363—387.

193) Über David und seine Tätigkeit s. WH I 363 f. Gegen die Ansichten von K. Pivec, MIÖG 46 (1932) u. 52 (1938) wandten sich W. Holtzmann, NA 50 (1935) und neuerdings F. Hausmann, Reichskanzlei (s. S. 29, Anm. 4), 310—319.

seinen Kampf gegen den Vater, ursprünglich vielleicht eine selbständige Darstellung aus der Umgebung Heinrichs V.; sie wird als *libellus de rebellione Heinrici V.* bezeichnet und ist uns in der Fortsetzung der Hildesheimer Annalen (1041—1108) erhalten[194]).

2. *Würzburger Annalen* sind über Ilsenburg nach Kloster Harsefeld bei Stade gekommen und hier mit Ilsenburger Zusätzen bis 1130 fortgesetzt[195]).

3. Eine *sächsische Darstellung vom Sachsenkrieg* und Investiturstreit (1074—1117), die auch bei Ekkehard erkennbar ist, ist am vollständigsten in die *Annales S. Disibodi* (Kloster Disibodenberg bei Mainz) 841—1200[196]) übergegangen.

Auch gehören hierher die Anfänge der *Paderborner Annalen* (von 1105 an) und der Erfurter *Annales Lothariani* (s. S. 93).

Zu den hervorragendsten geistlichen Fürsten unter Heinrich V. zählt Otto, Bischof von Bamberg (1102—1139). Den größten Ruhm hat er sich als der Heidenbekehrer in Pommern erworben.

Seine Wirksamkeit ist schon bald nach seinem Tode von mehreren Klerikern, zumeist aus Michelsberg, geschildert. Zunächst wurde dort, vielleicht von dem Prior Thiemo, ein Bericht über Ottos „fromme Werke" verfaßt[197]). Dann haben ein Mönch des von Otto 1109 gestifteten Klosters Prüfening bei Regensburg nach H. v. Fichtenau[198]) wahrscheinlich Wolfger, zwischen 1140 und 1146[199]) und ausführlicher und inhaltlich zuverlässig in Michelsberg der Mönch Ebo Ottos Leben beschrieben[200]). Um die Heiligsprechung (1109) zu erwirken, wurde letztere Arbeit zweckentsprechend überarbeitet. Inzwischen hatte dann, wohl in den sechziger Jahren (vielleicht) ein Gegner Ebos im Kloster, der Mönch Herbord, unter Benützung von Ebos

---

194) Ausg.: Ann. Hildesheimenses in MG SS. rer. Germ. i. u. sch. 8, 1078 Neudruck 1947), s. auch Meyer v. Knonau, Jbb. Heinr. IV. u. Heinr. V., Bd. V, 196 Anm. 3. WH I 450 ff.

195) Annales Rosenfeldenses: Ausg.: MG SS XVI 99—104. Rosenfeld: eigentlich Rossefeld = Harsefeld (bei Stade). WH I 507 f.

196) Ausg.: MG SS 17, 6—30. WH I 597 (Schmeidler).

197) Ausg.: Relatio de piis Operibus Ottonis episcopi Babenbergensis, MG SS XV, 2 1151—1166.

198) H. v. Fichtenau MIÖG 51 (1937).

199) Ausg.: Monachi Prieflingensis Vita Ottonis MG SS XII, 883—903 und nunmehr A. Hofmeister, die Prüfeninger Vita des Bischofs Otto von Bamberg in: Denkmäler der Pommerschen Geschichte I 1924; Übers. von A. Hofmeister, Geschschr. 96.

200) Ausg.: Ebonis Vita Ottonis, MG SS XII 822—883, und verbessert Jaffé, Bibl. V, 580—692.

Arbeit, doch recht unzuverlässig, nochmals Ottos Leben in Dialogform geschildert[201]).

Erzählende Quellen aus Italien

a) *Oberitalien.* In Mailand hat Erzbischof Arnulf um 1085 die *Gesta archiepiscoporum Mediolanensium (925—1077) seu rerum sui temporis libri V*[202]), also vornehmlich die Geschichte seiner eigenen Zeit geschrieben, kurz, vortrefflich, unbefangen, unbeschadet seines Gegensatzes zu Gregor VII. Ihre Bedeutung reicht über die Geschichte der Stadt hinaus.

Hinter diesem Werk steht die Arbeit des Mailänder Priesters Landulf: *Mediolanensis historiae libri IV* (375—1085)[203]), obschon sie sich vielfach auf Akten stützt, entschieden zurück; sie ist ebenfalls antigregorianisch, aber einseitig, parteiisch und gehässig. Eine Fortsetzung bis 1137 hat der jüngere Landulf de S. Paolo geschrieben[204]).

Die Vita des 1075 verstorbenen Diakons Ariald, des Urhebers der Pataria, hat ein Schüler Andrea, Abt von Strumi, verfaßt[205]).

Zeitgenössisch, umfangreich und inhaltreich, wichtig für die Vorgänge von Canossa, aber mit Vorsicht zu benutzen ist die poetische Verherrlichung der Markgräfin Mathilde von Tuszien († 1115), die ihr nach ihrem Tode Donizo, ein Mönch des von ihr in Canossa gestifteten Klosters, angedeihen ließ[206]).

---

201) **Ausg.: Herbordi Dialogus de vita Ottonis, MG XX 697—769** und in MG SS i. u. sch. 33 1868. Übers. in Geschschr. 55. Das Original des bis dahin nur aus einer späteren Kompilation des 16. Jahrhs. bekannten Dialogs wurde erst 1865 von W. Giesebrecht in München gefunden. — Zu allen Viten: WH I 487—491; D. Andernach, Die Biographen Ottos v. Bamberg. Diss. Frankfurt a. M. 1950; S. Liman, Studia Źródłoznawcze 3 (1958) 23—47.

202) Ausg.: MG SS VIII, 6—31. G. B. Borino, Note gregoriane Nr. 6 in: Studi Gregoriani 5 (1956).

203) **Ausg.: MG VIII, 32—100.** Ital. Übers. con note storiche s. DW 6124. **Neue Ausg.: Muratori, Nuova edizione IV, 2.**

204) Historia Mediolansensis 1097—1137. Ausg.: MG SS XX, 28—49 u. Muratori, Nuova ediz. V, 3. 1934.

205) Ausg.: v. Fr. Baethgen MG SS XXX 1047—1075. Vgl. C. Violante, La Pataria milanese e la riforma ecclesiastica I, 1955.

206) ***Donizonis Vita Mathildis:*** MG SS XII 348—409, mit Bildern aus der noch erhaltenen Originalhandschrift; mit ital. Übers. v. Fr. Davoli 1888. Nunmehr neue Ausg.: Muratori, Nuova ediz. V, 2. 1931—1940.

b) In *Rom* sind Aufzeichnungen verschiedenster Art und Herkunft für die Jahre 1044—1083 im 13. Jahrhundert zusammengeschrieben und als *Annales Romani*[207]) herausgegeben. Wichtig für die Vorgänge in Rom ist auch die von Gregor von Catino, einem kaiserlich gesinnten Mönche des Klosters Farfa nach 1105 geschriebene *Chronica Farfensis*[208]) (bis 1125).

c) *Unteritalien*[209]): Eine bedeutende Rolle für die kaiserliche Politik hat in der 2. Hälfte des 11. und der 1. Hälfte des 12. Jahrhunderts das alte und berühmte Kloster *Monte Cassino* gespielt. Hier hat Leo aus dem Hause der Grafen von Marsica, Archivar und Bibliothekar des Klosters, später Kardinalbischof von Ostia († 1115) mit umfassender und sorgfältiger Benutzung des Klosterarchivs[210]) die vortreffliche *Chronica monasterii Cassinensis*[211]) bis 1075 geschrieben. Sie ist in Monte Cassino zunächst (bis 1127) von einem Mönch Guido fortgesetzt und sodann von dem Diakon Petrus in starker Überarbeitung vielfach unzuverlässig und mit Fälschungen durchsetzt fortgeführt worden[212]). Zu den Quellen Leos gehörte auch die Normannengeschichte des in Monte Cassino weilenden Mönches Amatus († 1101). Diese auf Anregung von Robert Guiscard entstandene Erzählung ist nur in einer französischen Über-

---

207) Ausg.: MG SS V, 468—489 u. v. Duchesne im Liber pontificalis II, 329—350. Auch die MG SS XVII, 31 herausgegebenen Annales Seligenstadenses gehören nach Rom (Wattenbach II[6], 221, Anm. 3).

208) Ausg.: MG SS XI, 558—585, s. auch (über das Ende) Wattenbach II[6], 220. Neuere Ausg.: v. U. Balzani, Fonti per la storia d'Italia 33—34. 1903. Über Gregor v. C. s. auch S. 71 b. d. Libelli de lite.

209) Eine Übersicht über die Quellen zur Geschichte Unteritaliens und Siziliens in der Normannenzeit bei Chalandon, Histoire de la domination normande en Italie et en Sicilie I, 1907; V—LXIX.

210) Die von Leo benutzten Quellen und Urkunden sind noch im Klosterarchiv vorhanden.

211) Ausg.: MG SS VII, 551—844. Die älteste, von Leo herrührende Hs. reicht bis 1057; sie zeigt fortgesetzt Verbesserungen und Einschaltungen. H. S. Brechter, Die Frühgesch. v. Montecassino nach d. Chronik Leos v. Ostia . . . in Liber Floridus, Festschrift Paul Lehmann, 1950, S. 271—286; P. Meyvaert-P. Devos, Analecta Bollandiana 73 (1955) 375—461 und 74 (1956) 189—240; G. J. Lieftinck, Scriptorium 10 (1956) 96—98; A. Lentini, Benedictina 11 (1957) 131—146; P. Meyvaert, Revue Bénédictine 69 (1959) 3—21.

212) W. Smidt, in Papsttum und Kaisertum (Kehr-Festschrift) 1926 und in der Brackmann-Festschrift 1931. Dazu H.-W. Klewitz, AUF 14 (1936); Smidt, Quellen u. Forschgn. aus italien. Arch. u. Bibl. 28 (1938). S. auch E. Caspar, P. D. u. d. Monte Casineser Urkundenfälschungen 1909. DW 6134. Ferner H. Bloch, Traditio 8 (1952); P. Meyvaert, Revue Béned. 65 (1955) u. Bullettin of the John Ryland's Library 38 (1955). Petrus berichtet u. a. auch über die Verhandlungen, die 1137 zwischen Lothar und Innocenz II. stattgefunden haben.

setzung aus dem Anfang des 14. Jahrhunderts, die erst im 19. Jahrhundert von Champollion Figeac aufgefunden worden ist, erhalten: *l'ystoire de li Normant*[213]).

Ein verlorenes Geschichtswerk über die Normannen ist in der *Alexias* der Anna Comnena (siehe unten) und in der Epopoe des Wilhelm von Apulien über die Taten Robert Guiscards[214]) erhalten.

An dieser Stelle sollen auch jene byzantinischen Quellen angeführt werden, die für die Geschichte der Beziehungen zwischen dem mittelalterlichen Imperium des Westens und dem oströmischen Kaisertum wertvoll sind.

Die *Chronographia* des Michael Psellos, ein Werk mehr memoirenhaften Charakters, behandelt die Zeit von 976 bis 1077 und ist deshalb bemerkenswert, weil Psellos eine der einflußreichsten Persönlichkeiten am byzantinischen Hof war[215]).

Die Kaisertochter Anna Comnena († 1048) hat in ihrer *Alexias* das Leben und Zeitalter ihres Vaters, des byzantinischen Kaisers Alexios I. (1069—1118) geschildert[216]). Besonders interessant in dieser wertvollen zeitgenössischen Quelle, die sachlich äußerst genau berichtet, sind die Vorurteile gegenüber den Lateinern und der Haß gegen die Kreuzfahrer.

Seit Heinrich IV. tritt Böhmen in engere Beziehungen zum Reiche. Damit gewinnt auch die innere Geschichte dieses Landes erhöhte Bedeutung für die Reichsgeschichte. Zu Anfang des 12. Jahrhunderts erscheint dort der erste Chronist, der in Lüttich gebildete Domherr Cosmas von Prag (1045—1125), der im Anschluß an eine völlig sagenhafte Vorgeschichte seines Volkes inhaltreiche und trotz sehr berechtigter Kritik an der Zuverlässigkeit mancher Erzählung doch wertvolle Schilderungen der Ereignisse in

---

213) Schlechte Ausg.: von Champollion-Figeac 1835; bessere Ausg.: von O. Delarc 1892. Neue Ausg.: Storia de' Normanni di Amato de Montecassino usw. a cura di V. de Bartholomaeis (Fonti per la storia d'Italia 76) 1935. W. Smidt, Die „Historia Normannorum" von Amatus, Studi Gregoriani 3 (1948). Über Amatus: A. Lentini, Benedictina 9 (1955).

214) Ausg.: Guillermi Apulensis gesta Robert Wiscardi, MG SS IX, 239 bis 298. M. Fuiano, Archivio storico Napoletano 71, N.S. 32 (1950/51) 17—43; M. Fuiano, Convivium, Racc. Nuova 1950, 249—271; M. Mathieu, Byzantion 20 (1950) 89—103 u. 24 (1954) 111—130.

215) Ausg. mit französ. Übers. von E. Renauld, 2 Bde. Paris 1926 bis 1928.

216) Ausg. mit französ. Übers. von B. Leib, 3 Bde. Paris 1937—1945.

Böhmen gibt. Darüber hinaus bringt er besonders im 3. Buch für seine eigene Zeit wichtige Nachrichten zur Reichsgeschichte.

Seine „Chronik der Böhmen" hat er wohl erst gegen 1110 begonnen und bis in sein Todesjahr fortgeführt. Buch 1 (bis 1037) enthält größtenteils Fabeln, Buch 3 (1092—1125) ist am wertvollsten[217]).

Auch für die Beziehungen zu *Polen* lassen sich, wenigstens für die letzten Jahrzehnte, die Berichte deutscher Geschichtsschreibung durch polnische Quellen (in lateinischer Sprache) ergänzen.

Es sind einerseits annalistische Aufzeichnungen, die zunächst im Laufe des 11. Jahrhunderts in mannigfachen Fortsetzungen, Abteilungen und Verbindungen zusammengeschrieben sind[218]) und weiterhin ausführlicher werden. Andererseits ist die unter Boleslav III. (1102—1138) entstandene Chronik für die ältere Zeit als Sammlung nationalen Sagenschatzes wertvoll. Wohl von einem Südfranzosen (Gallus anonymus) verfaßt, handelt sie besonders eingehend von den Taten Boleslavs bis 1113[219]).

In *Ungarn*[220]) sind außer späteren legendarischen Verherrlichungen, so König Stephans des Heiligen (997—1038), selbständige, mit Benutzung auch deutscher Quellen verfaßte Berichte für das 11. Jahrhundert wohl vorhanden gewesen, aber nicht erhalten.

---

[217]) *Cronica Boemorum.* Ausg.: MG SS rer. Germ. Nova series 2, 1923; auch (lat. u. tschechisch) Fontes rer. Bohemicarum II, 1874. Übers.: Geschschr. 65, DW 6086. WH I 804—809. F. Bartos, Česko-polsky sbornik vedeckých praci 1 (1955) 73—83; A. Skarka, Česka literature 5 (1957) 152—167.

[218]) *Annales Poloniae,* Ausg.: MG SS XIX 612—665, auch in MG SS rer. Germ. i. u. sch. 11, 1866. Nachträge: MG SS XXIX 421—470. S. Budkowa, Studia Zródłoznawcze 2 (1958) 81—96.

[219]) *Chronicae Polonorum,* Ausg.: MG SS IX 423—478 und als Galli Anonymi Chronicon, Lemberg 1899. Neue Ausg. v. K. Maleczyński, 1952, dazu T. Grudziński, Kwartalnik historyczny 61 (1954) 218—234. Photogr. Wiedergabe d. Codex Zamoscianus hrsg. v. J. Krzyzanowski, 1948. S. auch H. Zeißberg, Die poln. Geschichtsschreibg. d. MA. 1873. DW 6143. P. David, Les sources de l'histoire de Pologne à l'époque des Piasts, Paris 1934; WH I 810 ff.; M. Plezia, Kronika Galla na Tle Historiografii XII Wieku, Krakau 1947. R. Rosin, Prace polonistyczne 12 (1955) 149—170. Z. Stieber, Poradnik jezykowy 1956, 245—248.

[220]) Zur ungarischen Geschichtsschreibung des MA. nunmehr: C. A. Macartney, The medieval Hungarian historians. A critical and analytical guide. Cambridge 1953.

Von französischen und englischen Quellen sind außer schon genannten weiterhin zu erwähnen:

1. Der Liber qui modernorum regum Francorum continet actus (bis 1108), den Hugo von Sancta Maria, Mönch von Fleury (s. S. 70) zwischen 1114 und 1125 für die Königin Mathilde von England geschrieben hat[221]).

2. Mancherlei Notizen in der *Historia ecclesiastica* des *Ordericus Vitalis,* der Mönch in St. Evroul in der Normandie war († nach 1142)[222]).

3. Die *Vita Ludovici Grossi,* König Ludwigs (VI.), von seinem berühmten Staatsmann, Abt Suger von St. Denis, ist besonders für die Beziehungen zu Frankreich, das Auftreten der Päpste in Frankreich zur Zeit Heinrichs V. und die auf französischem Boden geführten Verhandlungen wertvoll[223]).

4. Nachrichten bei Wilhelm von Malmesbury († nach 1142) in den *Gesta regum Anglorum* (bis 1125)[224]), besonders über den Konflikt zwischen Heinrich V. und Paschalis II.

Alle diese Quellen referierenden oder publizistischen Charakters finden natürlich für viele Einzelheiten ihre Ergänzung in einer Fülle von längeren oder kürzeren Aufzeichnungen, die im großen und ganzen an Bedeutung hinter den genannten Schriftwerken zurückstehen. Mehr noch bieten dafür nach mancher Richtung die mannigfachen Produkte urkundlichen Charakters von Kaiser und Papst, von geistlichen und weltlichen Großen. Erst mit ihrer Hilfe vermögen wir, namentlich für die Zeit des Kampfes, vielfach den Rahmen der Überlieferung mit richtigem, tieferem Inhalte zu erfüllen, treibende Kräfte und auch die Haltung einzelner Männer näher zu bestimmen. Es sei in dieser

---

221) Ausg.: Hugonis Floriacensis Opera historica, MG SS IX, 337—406, WH I 777 ff.

222) Orderici Vitalis Historiae ecclesiasticae libri XIII. Ausg. von A. Le Prevost, 5 Bde. 1838—55 (Soc. de l'Hist. de France); Auszüge in MG SS XX 51—82 u. XXVI 11—28. WH I 787 f.; H. Wolter, Ordericus Vitalis, 1955 (Veröff. d. Inst. f. europ. Gesch., Mainz, 7).

223) Ausg. mit französ. Übers. von H. Waquet, 1929 (Les classiques de l'histoire de France au Moyen Age, 11). Auszüge in MG SS XXVI, 47 bis 59. H. Glaser, Beati Dionysii qualiscumque abbas. Studien z. Selbstbewußtsein u. Geschichtsbild d. Abtes Suger v. St. Denis, Diss. München 1957. G. Misch, Studien z. Gesch. d. Autobiographie, IV, Nachr. GGW 1957, Nr. 4, S. 93—160 u. ders., Gesch. d. Autobiographie, Bd. III, 1. 1959, 316 ff.

224) Ausg. v. W. Stubbs, SS. rer. Britannicarum, 90, 1887—89. Auszüge in MG SS X 452—484. Er hat auch Davids Werk (s. S. 75) gekannt und wohl benützt.

Hinsicht nur an die städtischen Privilegien der beiden letzten Salier erinnert.

Wichtig genug bleibt, was uns an Zeugnissen der kulturellen Strömungen[225]) jenes Jahrhunderts erhalten ist. Wenigstens von den Kirchenbauten der Epoche sind noch mancherlei Bestandteile trotz aller Wandlungen durch Zeit und Menschenhand auf uns gekommen. Sie sind Zeugnisse einer aufwärtsstrebenden Entwicklung über alle Gegensätze und Kämpfe hinweg.

3. Kapitel

Die Stauferzeit

(1125—1250)

Literatur:

Dahlmann-Waitz[9], 392—410 Nr. 6327—6500; auch 430 f., 435 f., 456 f.

A. Potthast II, 1660—1662.

W. Wattenbach II[6], 245—488.

H. Vildhaut I[2], 309—404.

M. Jansen u. L. Schmitz-Kallenberg[2] 1914, 57—76.

K. Hampe-F. Baethgen, Deutsche Kaisergeschichte[10] 1949, 104—109.

W. v. Giesebrecht IV[2], 387—411 und VI (v. B. v. Simson, 1895), 291—319.

G. v. Wyß, 60—72.

M. Manitius III, 1931.

W. Gundlach, Heldenlieder III: Barbarossalieder 1899.

E. Michael, Geschichte des deutschen Volkes III, 320—394. 1903.

---

225) Dazu gehören auch die sog. *Cambridger Lieder*, die zwar mit England nichts zu tun haben und so genannt werden, weil ihre Hs. in Cambridge liegt. Es sind Dichtungen bunten, kulturgeschichtlichen Inhalts, die auch manche auf die deutschen Herrscher des 11. Jahrhunderts und andre deutsche und französische Personen und Vorgänge bezügliche Einzelheiten bieten. Ausg. v. K. Strecker 1926; ferner von W. Bulst (Editiones Heidelbergenses. 17), 1950. DW 5962. WH I 20 f.

Die *erzählenden Quellen* für die staufische Zeit[1]) sind auch so gut wie vollständig in den *Monumenta Germaniae historica* gedruckt, von Bd. 16 der Abteilung Scriptores (SS) an in erster Linie die aus Deutschland stammenden, dazu (in Bd. 26—29) in Auszügen die ausländischen Geschichtswerke über diese Epoche, soweit sie als Quellen für die deutsche Geschichte in Frage kommen: französische, englische, dänische, ungarische und (bisher Bd. 30—32) die italienischen Quellen des 13. Jahrhunderts, während die aus Italien stammenden Schriftsteller des 12. Jahrhunderts bereits in den früheren Bänden zusammen mit den deutschen gedruckt sind. Die in deutscher Sprache geschriebenen Werke stehen in der Abteilung „Deutsche Chroniken"[2]).

Von den *Königs- und Kaiserurkunden* (DD) für die staufische Zeit sind bisher nur die Urkunden Lothars III. [von Supplinburg] und der Kaiserin Richenza, hrsg. v. E. v. Ottenthal u. H. Hirsch 1927 (Neudruck 1957), erschienen. Auch die Neubearbeitung der *Böhmerschen Regesten* fehlt für die Zeit bis 1197. Es muß also neben der älteren, noch von J. F. Böhmer selbst geleisteten Bearbeitung (s. Qk. I^6, S. 86) K. Fr. Stumpf, Die Reichskanzler, Bd. 2, 1878 (Neudruck 1960) herangezogen werden; dazu kommen die Nachrichten und Aufsätze des „Neuen Archivs" (NA), bzw. jetzt des „Deutschen Archivs" (DA) — s. Qk. I^6, S. 7 — und ferner die *„Jahrbücher der deutschen Geschichte"*. Von ihnen sind bisher, allerdings z. T. veraltet und überholt, erschienen:

Lothar von Supplinburg von W. Bernhardi, 1879,
Konrad III. von W. Bernhardi, 1883,
Friedrich I. (B. 1. [1152—1158]) von H. Simonsfeld, 1908,
Heinrich VI. von H. Toeche, 1867,
Philipp von Schwaben und Otto IV. von Braunschweig von E. Winkelmann, 2 Bde. 1873, 1878,
Friedrich II., Bd. 1 u. 2 (bis 1233) von E. Winkelmann, 1889, 1897, die Fortsetzung war K. Hampe anvertraut, der leider 1936 gestorben ist.

Für Friedrich II. ist von besonderer Wichtigkeit die große Quellensammlung (Urkunden, Akten, Briefe) von Huillard-

[1]) Weitere Hinweise im Allg. Teil in Qk. I^6, S. 63 ff.

[2]) Auch für diese Zeit ist eine erhebliche Zahl besonders wichtiger Quellen nur nach den neuesten Ausgaben in den Scriptores rerum Germanicarum in usum scholarum der MG (s. Qk. I^6, S. 75 f.) oder in den SS. rer. Germ., Nova series zu benutzen.

Bréholles, Historia diplomatica Friderici secundi 12 Bde. 1852—1861. DW 6445.

Für die Jahre 1198—1272 liegt außerdem die *Neubearbeitung der Böhmerschen Regesten* von J. Ficker und E. Winkelmann vor[3]): RI V, 4 Abteilgn. in 3 Bänden, 1881—1901[4]), und zwar in umfassendster Weise, unter erschöpfender Heranziehung der für die deutsche Geschichte unentbehrlichen Kundgebungen der Kurie, der Päpste und ihrer Legaten und auch der übrigen für die Reichsgeschichte in allen Teilen, auch Burgund und Italien wichtigen Ereignisse, (sog. „Reichssachen") DW 6444.

Diese Ergänzungen sind um so wertvoller, da die *Regesta pontificum Romanorum* von Ph. Jaffé II^2 (J—E) 1888 (s. Qk. I^6, S. 87) nur bis 1198 führen und die Fortsetzung von A. Potthast (2 Bde. bis 1304) bereits 1874 erschienen ist. Es sind aber die Regesten der Päpste des 13. Jahrhunderts von Honorius III. an (1216), allerdings nicht so erschöpfend, von italienischer und französischer Seite bearbeitet und zum großen Teil abgeschlossen (s. S. 129 DW 6486 ff.).

Umfangreiche Sammlungen von Urkunden (und Akten) schon für die staufische Zeit bieten:

1. *Acta Imperii selecta,* gesammelt von J. F. Böhmer, hrsg. v. J. Ficker, 1870.

2. *Acta Imperii inedita,* hrsg. v. E. Winkelmann, 2 Bde., 1880, 1885.

Die *politischen Kundgebungen* der Herrscher: Verhandlungsakten. Verträge, Friedensschlüsse, Konzilsbeschlüsse, Landfrieden, Verordnungen, Gesetze, Hofgerichtsentscheidungen, Fürstenbelehnungen sind in den *Constitutiones et Acta publica Imperatorum et Regum* (MG LL sect. IV) Bd. 1 u. 2 1893 erschienen (s. Qk. I^6, S. 78).

Von den Fürstenurkunden liegen nunmehr die Urkunden Heinrichs des Löwen (s. S. 110, Anm. 93) und die Siegelurkunden der Babenberger[5]) im Druck vor.

---

3) S. Qk. I^6, S. 85.

4) Hierzu nunmehr: P. Zinsmaier, Nachträge zu d. Kaiser- u. Königsurkk. d. Regesta Imperii 1198—1272, Zs. Gesch. Oberrhein 102 (1954) 188 bis 273. Vgl. auch die Studie desselben Verf. über die Urkunden der Könige Heinrich (VII) u. Konrad IV., Zs. Gesch. Oberrhein 100 (1952) 445—565 und zu den Königsurkk. Friedrichs II. 1212—1220, ebda. 97 (1949) 369—466.

5) Urkundenbuch z. Gesch. d. Babenberger in Österreich bearbeitet v. H. Fichtenau u. E. Zöllner. Band 1: Die Siegelurkk. d. Babenberger bis 1215, 1950; Bd. 2: Die Siegelurkk. d. B. u. ihrer Nachkommen von 1216—1279, 1955. Bd. 3: Die Siegel d. B. bearb. v. O. v. Mitis u. F. Gall, 1954.

Die wichtigsten von der immer mehr anwachsenden Zahl der *territorialen, städtischen und klösterlichen Urkundenbücher und Regestensammlungen* sind in Qk. I[6], S. 87 ff. genannt. Im übrigen ist auf die bibliographischen Angaben bei DW, S. 76—90 und 70—81 zu verweisen.

Die Ausgaben der *Rechtsbücher, Land- und Stadtrechte* sind bei Schröder - v. Künßberg, Deutsche Rechtsgeschichte[7] 1931, § 54, 55 u. 56 verzeichnet.

Briefsammlungen aus der staufischen Zeit sind DW[9], S. 406 f. verzeichnet; die umfassendste und wichtigste, die des Abtes Wibald von Stablo ist (s. S. 97) von Ph. Jaffé, Bibliotheca I, herausgegeben; drei Bände ausgewählter *Papstbriefe* des 13. Jahrhunderts in den MG Epp. (s. S. 129). Für die imperiale und sizilische Politik Friedrichs II. ist die Sammlung der Briefe und Staatsschriften seines sizilischen Kanzlers Petrus de Vinea (Epistolarum libri VI, 1740) besonders wertvoll[6]).

In der geschichtlichen Überlieferung, in ihrer Gesamtheit und im einzelnen, und in ihren Wandlungen nach Form, Umfang und Inhalt spiegelt sich der ganze so bedeutsame Charakter, den die staufische Zeit innerhalb der mittelalterlichen Entwicklung Deutschlands einnimmt, auf das deutlichste wider. Im ganzen genommen stehen wir einem zunehmenden Umfang der Überlieferung gegenüber, aber der Menge nach ist sie über die einzelnen Abschnitte sehr ungleich verteilt. Auch hält mit der quantitativen Zunahme die Steigerung des inneren Werts keineswegs Schritt. Nur eine verhältnismäßig geringe Zahl bedeutender Werke von größerem Umfang hebt sich aus der Menge heraus. Klostergeschichten und Bischofsbiographien von dem Umfang und dem Gehalt, wie sie das 11. Jahrhundert aufwies, werden jetzt nicht mehr geschrieben. Über annalistische Aufzeichnungen geht das Bedürfnis vielfach nicht hinaus. Die großen Gestalten der Herrscher oder Heinrichs des Löwen haben ebensowenig eine Darstellung ihrer gesamten Wirksamkeit oder gar Persönlichkeit gefunden, wie die bedeutenden geistlichen Träger der Reichspolitik, Rainald von Dassel,

[6]) Neuausgabe für die MG in Vorbereitung. Vgl. H. M. Schaller, DA 11 (1954/55) 140—165; DA 12 (1956) 114—159 u. 15 (1959) 237—244. DW 6476.

Christian von Mainz oder Philipp von Heinsberg, oder die kraftvollen Ministerialen, die in Italien Träger des staufischen Reichsgedankens gewesen sind. Selbst Innozenz III. hat keinen seiner würdigen Biographen gefunden. Neben die geistliche Bildungsschicht, die nach dem Investiturstreit allgemein weltfreudiger wird, tritt nunmehr auch die höfisch-ritterliche Gesellschaft. Gegen Ende der Stauferzeit werden die geistigen und wirtschaftlich-sozialen Wandlungen deutlicher offenbar. Mit dem Entstehen der Landesherrschaft, dem Aufkommen der Städte und der Bettelorden ändert sich auch die Geschichtsschreibung.

Die einschneidende Bedeutung des Thronwechsels von 1125 wird auch in den erzählenden Quellen deutlich. In der salischen Zeit fiel die große Menge derjenigen Werke auf, welche Reichsgeschichte gaben oder geben wollten: die führende Rolle des Königtums, gerade auch da, wo es gegen eine mächtige Opposition kämpft, konnte nicht klarer zutage treten. Mit Lothar von Supplinburg tritt Sachsen aus der langjährigen Oppositionsstellung zurück, sein Herzog tritt an die Spitze des Reichs; aber die Stellung Heinrichs V. vermag er nicht zu erreichen. Im Bunde mit den Welfen muß er gegen die Staufer um die Krone ringen, doch vollzieht sich dieser Kampf zum Teil in Italien. So entziehen sich unsern deutschen Berichterstattern diese Vorgänge fast ganz. Unzweifelhaft ist — das geht aus der Überlieferung hervor — Lothar bemüht, die königlichen Rechte wieder zu stärkerem Ansehen zu bringen. Seine größten Leistungen liegen im Osten.

Aber mit Lothars Tode ist diese Episode vorüber: Bald verstummen die meisten sächsischen Berichte und werden, zum Teil wenigstens, erst wieder aufgenommen, als unter Heinrich dem Löwen für die sächsischen Lande eine neue, bedeutungsvolle und zukunftsreiche Periode heraufzieht.

Zunächst aber schweigt hier wie anderswo vielfach die Geschichtsschreibung: Von Konrads III. Taten ist nicht viel Ruhmreiches zu melden. Otto von Freisings Chronik (s. S. 99) ist ein Ausdruck der müden, pessimistischen Stimmung der vierziger Jahre.

Neue Tage machtvollen Königtums brechen an, als mit Friedrichs I. Erhebung der welfisch-staufische Zwist für mehr als zwei Jahrzehnte schwindet, als die italienische Königskrone und der kaiserliche Name wieder Machtwerte werden, deren Erkämpfung für Deutschland zwar große Opfer aber doch auch Ruhm und Stolz bedeutet. In Prosa und Vers wird in Deutschland und Italien Friedrichs Regiment verherrlicht. Von einem Mittelpunkte aus werden die Geschicke des Reiches gelenkt und danach geschildert. Die Taten Heinrichs des Löwen und ihre Verkündigung tun dem kaiserlichen Ansehen keinen Abbruch: Nichts ist dafür charakteristischer als die Art, wie die zeitgenössische Berichterstattung über die Katastrophe des Welfen hinweggeht. Erst die nächste Generation richtet ihr Augenmerk auf diese Gegensätze — sie sieht sie im Lichte ihrer eigenen Zeit, in der Welfen und Staufer um die Krone kämpfen.

Unter Friedrich I. hat wieder eine Geschichtsschreibung begonnen, die man als Reichsgeschichte, zum Teil vielleicht als Hofhistoriographie bezeichnen darf[7]). In den Kreisen der staufischen Anhänger pflanzt sie sich bewußt fort, bis in die Zeiten Friedrichs II. hinein. Aber seit Barbarossas späteren Tagen — das zeigt doch die Überlieferung unverkennbar — nimmt dieses Reich durch die immer stärkere Betonung der Herrschaft über Italien (d. i. Nord- und Mittelitalien) und die nähere Heranziehung Burgunds einen veränderten Charakter an. Die überragende Stellung des deutschen Königreichs in der Reichspolitik tritt zurück. Der Schauplatz gerade der für das Reich und damit auch für Deutschland wichtigen Vorgänge liegt jenseits der deutschen Grenzen: So entziehen sich diese zum großen Teil den Blicken und dem Verständnis der deutschen Geschichtsschreiber. Die italienischen Quellen gewinnen für die Geschichte der Herrscher erhöhte Bedeutung, aber auch sie versagen für wichtige Abschnitte fast vollständig, z. B. für den größten Teil der Jahre von 1174—1178, so daß nicht einmal der äußere Verlauf der Ereignisse mit genügender Sicherheit festgestellt werden kann.

[7]) Siehe S. 101.

In noch höherem Maße gilt das, seit Heinrich VI., auch im Besitze der Krone des normannischen Reiches, *imperiale* Politik größten Stils versucht. In seiner vielverschlungenen, von Deutschland vielfach entfernten, über das Imperium hinausgreifenden Politik finden sich die Berichterstatter nicht zurecht: Aus der Geschichtsschreibung können wir die gewaltige Politik dieses kraftvollen Herrschers nicht mit der erwünschten Deutlichkeit erkennen. Urkunden und Akten sind dürftig. So bleibt Vieles von seinen Absichten und Unternehmungen unklar; Urteil und Bewertung gehen wie bei den Zeitgenossen so auch heute weit auseinander.

Nach Heinrichs VI. Tode geht Deutschland seine eigenen Wege: Aber der Thronstreit zwischen Staufern und Welfen spaltet das Reich, die Geschichtsschreibung muß Partei ergreifen. Schon beginnen die Grenzgebiete, zumal im Westen und Norden, politisch neue, eigene Bahnen einzuschlagen. Die Historiographie wird von territorialen Interessen beeinflußt und neigt zu den emporstrebenden westlichen Nachbarstaaten hin.

Noch einmal stellt Friedrich II. die Einheit her. Doch sein Reich ist das Imperium, das von der Nordsee bis nach Sizilien reicht. Immer mehr tritt darin Deutschland aus der vorwaltenden Stellung zurück. Nur vorübergehend weilt Friedrich hier; Italien und der Orient sind die Schauplätze seiner Taten, und diese Kämpfe entscheiden zugleich über das Schicksal Deutschlands: Immer weiter greift hier die Auflösung um sich, immer größere Selbständigkeit gewähren die großen Reichsgesetze zunächst den geistlichen, dann den weltlichen Fürsten. Der Sohn erhebt sich gegen den Vater, dann stehen Gegenkönige auf gegen Friedrich und seinen Sohn Konrad, bis schließlich nach dessen frühem Tod zwei Ausländer dem Namen nach die Krone des Reiches tragen. In dieser Epoche innerer Kämpfe und fortschreitender Auflösung hört die Reichsgeschichtsschreibung völlig auf. Mit dem zunehmenden Verfall der allgemeinen Bildung sinkt auch der Wert aller historiographischen Überlieferung. Äußerst dürftig ist unsere Kenntnis der mittleren Jahrzehnte des 13. Jahrhunderts. Das geschichtliche Verständnis schwindet in auffälliger Weise.

Aber in dieser Periode der Kolonisation im Osten, der Kreuzzüge und der imperialistischen Politik seit der Mitte des 12. Jahrhunderts, vor allen Dingen seit den Tagen Innozenz' III. berührt die deutsche Geschichte zugleich auch die Geschicke der Nachbarländer. Eine Epoche internationaler abendländischer Politik (Schlacht bei Bouvines 1214) beginnt. Daher erwähnen denn auch die *Geschichtswerke außerdeutschen Ursprungs* vielfach die deutschen Ereignisse und bieten willkommene Ergänzungen unserer Kenntnisse, insbesondere auch die großen, ausnahmslos außerhalb Deutschlands entstandenen universalhistorischen Sammelwerke. In England und Frankreich, in Dänemark, Polen und Ungarn erzählt man von den Vorgängen, die auf deutschem Boden sich abspielen, meist allerdings nicht in ungetrübter Darstellung. Für die Zeiten Friedrichs II., zumal für seinen letzten großen Kampf mit Kurie und Lombarden, gewinnen die italienischen Quellen, wenigstens für die Geschichte des Herrschers, überragende Bedeutung.

In den Werken der Geschichtsschreibung freilich kommen der Inhalt und die Eigenart der staufischen Zeit schon seit Friedrich I. keineswegs genügend zum Ausdruck. Für den eigentlichen Charakter der staufischen Reichs- und Hausmachtspolitik haben weder die einheimischen noch gar die ausländischen Berichterstatter wirkliches Verständnis gehabt. Hier muß die urkundliche Überlieferung in weitestem Sinne herangezogen und ausgewertet werden.

Das *urkundliche Material* tritt also in erster Linie ergänzend, doch vielfach allein sicheren Boden gewährend hinzu: Die Urkunden der deutschen Herrscher und, bei den die ganze Epoche hindurch dauernden — friedlichen und kriegerischen — Auseinandersetzungen mit der Kurie, auch die der Päpste. Außerdem sind in steigendem Umfang und in steigender Bedeutung auch Schriftstücke erhalten, die uns in den Gang der Verhandlungen blicken lassen, deren Ergebnisse in urkundlichen Formen und Verträgen niedergelegt sind. Dazu gesellen sich *Mandate* und *Briefe* politischen Inhalts von Kaisern und Päpsten, geistlichen und weltlichen Großen. Die *Ausbildung der Territorien* beginnt: Damit werden auch die Kundgebungen, speziell die *Urkunden ihrer Dynasten* von größerer Wichtigkeit[8]).

Die *Städte* treten immer mehr als Faktoren von selbständiger Bedeutung wirtschaftlich und politisch hervor. Aus den zahlreichen *Urkundenbüchern* der Städte und der Territorien, die sich später zu größerer Bedeutung entwickelt haben, und aus den immer mehr in Angriff genommenen *Regestensammlungen* erhellt die politische Wichtigkeit, die soziale Verschiebung und wirtschaftliche Entwicklung dieser für geschichtliches Verständnis unerläßlichen Elemente. Dieses urkundliche Material beginnt seit dem Ende des 12., noch mehr im 13. Jahrhundert erheblich zuzunehmen.

Organisation und Administration stehen im Reich, in den beginnenden Territorien und selbst in den Städten in dieser Periode, namentlich in bezug auf die Ausgestaltung schriftlichen Verkehrs, noch sehr in den Anfängen. Bei der geringen Entwicklung des Archivwesens ist nur weniges, oft zufällig, erhalten; gelegentlich sind darunter jedoch Aufzeichnungen von großem Wert. So gehört hierher der *Indiculus curiarum ad mensam regis pertinentium,* d. h. ein (wohl im Marienstift in Aachen) in amtlichem Auftrag aufgestelltes Verzeichnis der Tafelgüter (der Leistungen von Königshöfen), deren Erträgnisse dem Römischen König in Deutschland und in der Lombardei zustehen. Die Abfassungszeit dürfte wohl in die Anfänge der Regierung Konrads III. oder Friedrichs I. zu setzen sein[9]). Ferner ist

---

[8]) Man begreift sie diplomatisch, d. h. in der Urkundenlehre für diese Zeit noch unter den Privaturkunden (s. Qk. I[6], S. 52 ff.) im Gegensatz zu den Königs- bzw. Kaiser- und Papsturkunden.

[9]) Ausg. MG LL sect. IV, Const. I Nr. 440, besser von A. Schulte, NA 41 (1919) 572—574; Beschreibung der Hs. von W. Levison, NA 41 (1919) 560—571. Faksimile bei H. Dannenbauer, Zs. f. württemb. Landesgesch. 12 (1953) vor S. 1. — Über die Auseinandersetzungen bezüglich der Datierung vgl. nunmehr C. Brühl, DA 12 (1956) 527—535 (mit Lit.). WH I 360. F. Schnelbögl, Jb. f. Fränk. Landesforschg. 10 (1950) 37—46.

noch ein Verzeichnis über die Reichssteuern süddeutscher Städte aus der Zeit Friedrichs II. anzuführen[10]).

Wieviel umfangreicher gegenüber früheren Epochen das Material ist, welches für die staufische Zeit neben erzählender und urkundlicher (in diplomatischem Sinne) Überlieferung zu Gebote steht, lehrt die Einsicht in den ersten und zweiten Band der *Constitutiones et Acta*[11]). Hier nehmen neben den Dokumenten der politischen und kirchenpolitischen Verhandlungen und Beschlüsse mit den dazugehörigen Korrespondenzen und neben den Staatsverträgen die Akten der Gesetzgebung wieder an Zahl und Bedeutung einen erheblichen Platz ein, schon unter Friedrich I. Dann folgen unter Friedrich II. die großen *Reichsgesetze* von 1230 und 1231 und der große Reichslandfriede von 1235[12]), welche für die politische Entwicklung der folgenden Jahrhunderte zum großen Teil die rechtliche Voraussetzung bildeten[13]).

Offizielle Rechtskodifikation ist noch nicht vorhanden; wie sehr aber die Tendenz darauf hinzielt, das zeigen die großen *Rechtsbücher* des 13. Jahrhunderts (s. S. 134 f.), die teils geltendes Recht, teils Rechtstheorien verzeichnen.

Auch an politischer Literatur publizistischen Charakters fehlt es nicht. Freilich, die *Streitschriften* jener Art, wie sie in so großer Zahl die Epoche des Investiturstreites gezeitigt hatte, fehlen, außer aus der ersten Hälfte von Friedrichs I. Regierungszeit; auch für diese sind sie weder zahlreich noch im Rahmen der gesamten Überlieferung von ähnlicher Bedeutung wie in jener früheren Periode. Sie tragen einen veränderten Charakter, sind nicht von solcher Heftigkeit und von so grundsätzlichem Charakter.

---

10) Gedruckt: MG LL sectio IV, Const. III, Nr. 1, S. 2 ff.; Zeumer Nr. 64 (59); Altmann u. Bernheim[4], Nr. 201. DW 7077. G. Kirchner, Die Steuerliste von 1241, ZSSRG, Germ. Abt. 70 (1953) 64—104.

11) MG LL sectio IV (s. Qk. I[6], S. 78).

12) Siehe auch S. 132 f.

13) Eine nützliche Auswahl mit kritischen Erläuterungen und Literaturangaben bieten die Monumenta Germaniae selecta ed. M. Doeberl, 4. u. 5. Bd., 1890 u. 1894; Qk. I[6], S. 6.

Wohl aber bemächtigte die *Dichtung* sich politischer Stoffe, und zwar bald[14]) in deutscher Sprache. Vor allem die Werke Walthers von der Vogelweide sind auch eine wichtige Quelle für die Zeiten des Thronstreits[15]). Minnesänger und Epiker dieser Epoche geben ein Bild der Zeit und auch unabhängig von etwaigem historischen Inhalte bilden ihre Dichtungen ein höchst wichtiges Material für die Erkenntnis der geistigen Strömungen, die jene Generationen bewegen. Sie zeigen uns das Erwachen neuer Kräfte, zunächst das Aufkommen der ritterlich-höfischen Gesellschaft.

Zwischen Saliern und Staufern wirkt die Regierung des sächsischen Herzogs Lothar von Supplinburg (1125 bis 1137) nur wie eine kurze Episode[16]).

Schon die ungewöhnliche, den Erbanspruch übergehende *Wahl* selbst erweckt das lebhafteste Interesse: Wie und wodurch ist sie zustande gekommen? Wir kennen das Wahlausschreiben, das die bei der Bestattung Heinrichs V. versammelten Fürsten haben ergehen lassen, und haben in der sogenannten *Narratio de electione Lotharii*[17]) den ausführlichen Bericht von einem welfisch gesinnten Geistlichen; aber zu wichtigen Fragen schweigt die zeitgenössische Überlieferung; sie sagt nichts über die Stellung des neuen Herrschers zur Kurie und ihren kirchenpolitischen Forderungen, nichts über die innere Geschichte des Abweichens vom Erbanspruch des Staufers.

Natürlich hat Lothars Regierung besonders auf sächsischem Boden zu neuen oder zur Fortsetzung früherer Aufzeichnungen, namentlich annalistischer Art, angeregt.

---

14) Die Vagantenlieder, die *Carmina Burana* und die *Cambridger Lieder* sind noch lateinisch.

15) F. Maurer, Die polit. Lieder Walthers v. d. V. 1954.

16) H. Oehler, Das Itinerar, seine Ordnung u. s. Beziehungen z. Regierungstätigkeit i. d. Zeit Kaiser Lothars III., Diss. Freiburg/Brg. 1957. Zu Lothars Herzogtum: H. W. Vogt, Das Herzogtum Lothars v. S. (1106 bis 1125), 1959 (Quellen u. Darst. z. Gesch. Niedersachsens, 57).

17) Ausg.: Böhmer, Fontes rer. Germ. III 570—574; MG SS XII 109 ff.; Doeberl, Mon. Germ. sel. IV, n. 2. Kalbfuß (MIÖG 31, 1910) hat den Verfasser der Narratio in der Salzburger Diözese, wahrscheinlich in Göttweig (vielleicht Abt Chadaloh [1125—1141]) gesucht. Dazu u. über Lothars Kirchenpolitik J. Bauermann, in Festschrift f. Rob. Holtzmann 1933.

Aber diese, auch über Lothars Herrschaft hinausreichenden *Annalen* sind uns zum großen Teile — so die Erfurter, die Paderborner, die Rosenfelder (eigentlich Rossefeld = Kloster Harsefeld bei Stade), die Magdeburg-Nienburger — in Ableitungen und Niederschriften erst aus der zweiten Hälfte des 12. oder dem 13. Jahrhundert erhalten. Daher sind denn z. B. nicht nur die Annalen von Pegau und Pöhlde, sondern auch der Annalista Saxo und die Magdeburger Annalen für Lothars Epoche heranzuziehen. Ferner enthalten Otto von Freisings Darstellung in der Chronik und den Gesta, die welfischen Aufzeichnungen und Helmold, die Chronik von Lauterberg (Montis Sereni), die Kölner Königschronik, die Annalen von Stade, die Erfurter Aufzeichnungen, Burchard von Ursperg u. a. zahlreiche Nachrichten über diese Zeit[18]).

Von den damals in *Sachsen* entstandenen *Annalenwerken* sind zu nennen:

1. Die *Paderborner Annalen*[19]), aus dem Kloster Abdinghof. Sie sind verloren, doch hat sie in mit Recht vielbewunderter und allgemein anerkannter Weise P. Scheffer-Boichorst rekonstruiert — wenn auch manche Einzelheit zweifelhaft bleiben mag —, u. a. aus dem Annalista Saxo (s. S. 94 f.), der Kölner Königschronik (s. S. 76)[20]), den Annalen v. Hildesheim (s. S. 112 f.) und aus dem im Anfang des 15. Jahrhunderts verfaßten *Cosmidrominus* des Gobelinus Person (s. Qk. III). Vielleicht 1105 begonnen (bis auf Karl d. Gr. zurückgreifend) sind die durchaus sächsisch gefärbten, wertvollen Aufzeichnungen von einem Verfasser bis 1144 geführt worden[21]).

2. *Annales Erphesfurdenses Lothariani.* Es sind verhältnismäßig kurze, aber vor allem für die Regierung Lothars III. ge-

---

18) Diese Quellen werden weiterhin erwähnt.

19) Ausg. mit ausführlicher kritischer Einleitung: *Ann. Patherbrunnenses*, aus Bruchstücken wiederhergestellt v. P. Sch.-B. 1870, der Text S. 92—170. DW 6113. WH I 584—587. Mehr lokale Fortsetzung bis 1190 (bei Sch.-B. S. 171—182) nur aus Gobelinus Person bekannt.

20) Die von H. Herre aus vermeintlicher Benutzung, bes. in den *Poehlder Ann.*, erschlossenen (verlorenen) Ilsenburger Annalen (DW 6391) dürften ganz zu streichen sein.

21) Aus den Paderborner Annalen stammt die in der Kölner Chronik überlieferte Erzählung von den „*Weibern von Weinsberg*". Über die viel umstrittene Frage, ob es sich dabei um eine „Sage" oder eine quellenmäßig beglaubigte Tatsache handelt, berichtet K. Weller, Zs. f. württemb. Landesgesch. 4 (1940).

haltvolle Aufzeichnungen aus dem St. Peterskloster in Erfurt, die von 1125—1137 reichen, später bis 1149 fortgesetzt sind, anknüpfend an Auszüge aus Ekkehard von Aura (s. S. 74 f.)[22]).

3. Im Reichskloster *Nienburg* (an der Saale, nicht weit von Magdeburg) sind von 1134 an wertvolle, seit 1131 selbständige *Annalen* geschrieben worden, die aus ihrer Benutzung, besonders in den Gesta archiepisc. Magdeburg. (s. unten) und den Magdeburger Annalen (s. S. 109) zu erschließen sind und bis 1139 gereicht haben. Als ihren Verfasser hat Schmeidler[23]) in sorgfältigster Untersuchung den Abt Arnold von Nienburg (1134 bis 1166) und Kloster Berge (1119—1166) in Anspruch genommen.

4. Die *Gesta archiepiscoporum Magdeburgensium*[24]) (früher Chronicum Magdeburgense genannt)[25]), sind nach früherer Annahme zunächst bis 1023 geführt worden. Daran sollen bis 1152 die Vitae der einzelnen Metropoliten jeweils bald nach ihrem Tode bis 1142 hinzugefügt worden sein, verschieden an Umfang und Quellenwert, ausführlich die Geschichte und Wirksamkeit der Erzbischöfe Norbert (1126—1134) und Konrad (1134 bis 1147). Demgegenüber hat Schmeidler den Beweis gebracht[26]), daß es eine 1023 abbrechende Schrift nie gegeben habe, daß die Fortsetzung nicht sukzessive von verschiedenen Verfassern angefügt, sondern das ganze Werk um 1142 einheitlich im Kloster Berge (vor Magdeburg) geschrieben sei, und zwar vom Verfasser der Nienburger Annalen, Abt Arnold, der bereits seit 1119 Abt dieses Klosters war.

5. Mit dem Namen *Annalista Saxo* bezeichnet man eine große von 741—1139 (bis zum Tode Heinrichs des Stolzen) reichende Kompilation[27]), die schon dadurch für uns von Wert ist, daß sie eine Reihe verlorener Quellen benutzt hat (Paderborner, Rosenfelder [= Rossefelder = Harsefelder], Halberstädter An-

---

22) Nur zu benutzen in der Ausgabe von Holder-Egger, Monumenta Erphesfurtensia. MG SS. rer. Germ. i. u. sch. 42, 1900.

23) Sachsen und Anhalt 15 (1939).

24) Ausg.: MG SS XIV 361—484. Die Fortsetzung von 1142—1371 ist spätere Kompilation.

25) Noch bei E. Kessel, Die Magdeb. Geschichtsschreibung, Sachsen u. Anhalt 7 (1931).

26) Die Gesta archiepiscoporum Magdeburgensium bis 1142, Sachsen u. Anhalt 14 (1938) 40—81; dazu ders., Abt Arnold von Kloster Berge usw., ebenda 15 (1939). S. auch Kessel (vorher Anm. 25). Schmeidler hat auch gezeigt, daß große Stücke aus Adam von Bremen (s. S. 48 f.), übernommen sind.

27) Die Quellen sind von Waitz nachgewiesen und in seiner Ausgabe MG SS VI 542—777 durch Petitdruck kenntlich gemacht. DW 6389. Übers.: Geschichtsschr. 54.

nalen usw.), und auch Urkunden enthält. Vornehmlich aber bringt sie gute, ausführliche und genaue Berichte über die Zeit Lothars (so über den zweiten Romzug), durchaus vom sächsischen Standpunkt aus. Schon R. Siebert[28]) hatte sie für Abt Arnold von Nienburg und Kloster Berge in Anspruch genommen, ohne Beachtung zu finden. Schmeidler[29]) hat diese Ansicht mit verstärkter Begründung aufgenommen. Als Abfassungszeit gelten die fünfziger Jahre bis 1152 — so Waitz und wieder Lohmann[30]), — so auch Schmeidler (1144—1152). Letzterer bezeichnet das Werk als „eine mit unendlichem Fleiß und Eifer ausgearbeitete deutsche Geschichte".

Begreiflich, daß Schmeidler in Abt Arnold einen der bedeutendsten Geschichtsschreiber und Geschichtsforscher des 12. Jahrhunderts sehen will; er erblickt in ihm auch den Anreger zu den Annales Magdeburgenses (s. S. 109).

Norbert von Xanten (1080—1134), der Gründer des Prämonstratenserordens, ein Kirchenfürst strengster Richtung, war von Lothar zum Erzbischof von Magdeburg erhoben worden. Er gewann größten persönlichen Einfluß auf diesen Herrscher, namentlich auf seine Kirchenpolitik. Die von Wilmanns gefundene, vor 1155 entstandene, von einem Ordensbruder verfaßte ältere Form der *Vita Norberti*[31]) gehört zu den wichtigsten Quellen der Zeit. Daneben haben wir eine jüngere, zwischen 1157 und 1161 entstandene Vita[32]), die vielleicht mit der älteren eine gemeinsame Quelle hat.

Noch bedeutsamer vielleicht, auch für die Wahl von 1138 und für die Regierung Konrads III., sind die *Gesta Adalberonis archiepiscopi Trevirensis*[33]). Sie sind von Balderich, einem Mönche in Florennes (Diöz Lüttich), der von Albero zum Leiter der Domschule bestellt wurde, verfaßt und bieten in trefflicher Erzählung eine Schilderung der Wirksamkeit des Erzbischofs Albero von Trier (1131—1152), des Königsmachers von 1138.

---

[28]) R. Siebert, Unterss. über d. Nienburger Annalistik usw. Diss. Rostock 1896.

[29]) Schmeidler, Sachsen und Anhalt 15 (1939).

[30]) H.-E. Lohmann in Festschrift für Rob. Holtzmann, 1933.

[31]) Ausg.: MG SS XII 663—703; Übers.: Geschschr. 64. H. Klesser, De oudste levensbeschrijving van S. Norbertus. Analecta Praemonstratensia 34 (1958) 198—218; O. Mannl, Zur Lit. über d. hl. Norbert, ebda., 35 (1959) 5—14.

[32]) Ausg.: a. a. O. in Anm. zur älteren Vita, vollständig AA SS. Juni I, 819—858.

[33]) Ausg.: MG SS VIII 243—260, Teil der Gesta Treverorum (s. S. 118); Übers. v. E. Zenz: Die Taten der Trierer. Teil 2 (1124—1152). 1957.

Um 1144 hat Laurentius, ein Mönch aus Lüttich, in Verdun die *Gesta episcoporum Virdunensium* (s. S. 44) von 1047—1144 fortgesetzt[34]).

Die *süddeutsche Annalistik* tritt in dieser Epoche ganz zurück.

Im Hinblick auf die geistigen und kirchlichen Strömungen hat man diese Epoche auch das

Zeitalter Bernhards von Clairvaux

genannt. Für die politische wie auch die Geistesgeschichte sind seine — zum Teil noch ungedruckten — *Briefe* auch für Deutschland in den Tagen Konrads III. eine Quelle von „unvergleichlicher Bedeutung"[35]).

Die Mystikerin Hildegard von Bingen (1098 bis 1178), Äbtissin des Klosters Rupertsberg bei Eibingen, stand mit vielen geistlichen und weltlichen Großen ihrer Zeit in Briefwechsel. Ihre *Briefe*, deren Großteil nunmehr als echt erwiesen ist[36]), führen gut in die geistige Welt jener Zeit ein[37]).

Hier ist auch noch die *Tegernseer Briefsammlung* des 12. Jahrhunderts anzuführen, die nicht nur für die Klostergeschichte in der Zeit von 1126—1186, sondern auch für die Reichsgeschichte unter Friedrich I. eine wertvolle Quelle ist[38]).

Eine ausgezeichnete Papstgeschichte schrieb der Engländer Johannes von Salisbury mit seiner *Historia pontificalis*, die leider nur für die Jahre 1148—1152 erhalten

---

34) *Laurentii de Leodio*, Gesta epp. Vird., Ausg.: MG SS X 486—525; spätere Fortsetzungen bis 1250.

35) So Giesebrecht IV², 511. Eine genügende Gesamtausgabe fehlt, sie wird im Rahmen der neuen Ausgabe der Werke Bernhards vorbereitet. Bisher vollständigste Ausgabe bei Migne, PL Bd. 182. — Zu Bernhard vgl. J. Bouton, Bibliographie bernardine 1891—1957, 1958 (Commission de l'Ordre de Cîteaux, 5.).

36) M. Schrader u. A. Führkötter, Die Echtheit d. Schrifttums der Hl. Hildegard von Bingen, 1956.

37) Zur neuesten Lit. nunmehr J. Koch, HZ 186 (1958) 558—572.

38) Eine Ausgabe für die MG wird von H. Plechl vorbereitet. Vgl. H. Plechl, Studien z. Tegernseer Briefsammlg., DA 11 (1954), 12 (1956), 13 (1957).

ist[39]). Im Jahre 1164 verfaßt, ist sie für die Zeit Konrads III. besonders hinsichtlich seiner Beziehungen zu Papst Eugen III. von großer Wichtigkeit.

In den deutschen und kirchlichen Angelegenheiten schon unter Lothar, mehr noch unter Konrad III. und auch noch bei der Wahl Friedrichs I., hat Wibald (1098—1158), Abt von Stablo (seit 1030) und Corvey (seit 1046), vorübergehend (1137) auch Abt von Monte Cassino, eine große Rolle gespielt.

Eine Lebensschilderung gibt es nicht für ihn. Erhalten aber ist der zweite Band — fast 450 Stücke — einer großen Sammlung von *Briefen* meist politischen Inhalts, die er zu seinem persönlichen Gebrauch zusammengestellt hat[40]): alles echte Briefe, keine Stilübungen. Es sind neben Korrespondenzen mit Bischöfen und Klöstern viele Briefe an Herrscher und Päpste und ihre Gegenschreiben, in ihrer Gesamtheit eine Quelle wertvollsten Inhalts für die Jahre 1147—1157.

Der im Original (in Berlin) erhaltene Codex erweist sich als ein — für die abgehenden Stücke nach dem Konzept geführtes — gleichzeitiges Briefbuch, das teils von Wibald selbst, teils von Hilfskräften geführt wurde. Etwa ein Drittel der Einträge sind Briefe von Wibald, ein Drittel sind Einläufe. Der Rest enthält Stücke verschiedenster Art, die Wibald wichtig erschienen. Darunter ist der Briefwechsel der deutschen Herrscher mit der Kurie und mit Byzanz, der nur hier überliefert ist. Die Sammlung ist nicht ohne Lücken (so für 1155/56). Sie zeigt uns Wibald als klugen Politiker, der stets um einen Kräfteausgleich zwischen Reich und Kirche bemüht war und es zugleich verstand, die bei-

---

39) Ausg. v. W. Arndt als Anonymi hist. pont., MG SS XX 516—545. Neue Ausg. v. R. L. Poole, 1927, deren Text zusammen mit engl. Übers. v. M. Chibnall, 1956 (Medieval Texts). — Über Johanns bedeutende Staatslehre, den „Policraticus" siehe v. a. W. Berges, Die Fürstenspiegel des hohen u. späten MA, 1938 (Neudruck 1952) (Schriften der MG, 2). — Seine Briefe sind als Quelle für die englische Kirchenpolitik, besonders für den Konflikt zwischen Heinrich II. und Thomas Becket überaus wertvoll. — Neueste Lit. s. H. Hohenleutner, HJb. 77 (1957) 493—500.

40) Ausg.: Wibaldi epistolae ed. Jaffé, Bibl. I, 1864. Der 1. Band (bis 1146) ist leider verloren. Für diese Jahre hat Jaffé nur eine mäßige Zahl von Schreiben, z. T. aus nicht einwandfreier Quelle zusammengebracht. — DW 6547.

den großen Reichsklöster, denen er vorstand, zu ihrem Vorteil zu verwalten[41]).

Die umfangreiche und namentlich für die Reichsgeschichte geschätzte Vita des bei einem Aufruhr in Mainz ermordeten Erzbischofs Arnold von Selehofen (1153—1160) war von Th. Ilgen als Fälschung angesehen worden, die um 1630 Johannes Antoni, Prior des Klosters St. Jakob zu Mainz, verfertigt habe[42]). Doch ist an der Echtheit der Vita von A. G'sell u. P. Wackernagel mit Recht festgehalten worden[43]). So bleibt sie für den letzten Kanzler Konrads III. die wichtigste Quelle[44]).

Bis in die Zeit Konrads III. reicht das erste Geschichtswerk — wenn man es so nennen darf — in deutscher Sprache[45]): Die Kaiserchronik[46]).

Entstanden ist sie in oder um Regensburg, um 1160/61 oder 1164/65, wie jüngst E. E. Stengel nachwies[47]). Ihr Verfasser, vermutlich der Geistliche Konrad von Regensburg, schreibt für Laien, besonders für die ritterlichen Kreise. Von den über 17000 Versen behandeln mehr als zwei Fünftel die römische Geschichte, die letzten 3000 sind der fränkisch-deutschen Kaiserzeit bis zum Jahre 1147 gewidmet. Für die weiter zurückliegenden Zeiten sagenhaft mit zahlreichen Fabeln und ziemlich ungeschichtlich, ist der Quellenwert der Chronik von Karl d. Gr. ab dürftig, doch bedeutend für Lothar III und Konrad III. Das ganze Werk, dessen Gesinnung welfenfreundlich ist, hat nach den For-

---

41) Besonders wichtig ist die eindringende Untersuchung von Zatschek, W. v. St. in MÖIG. Erg. Bd. 10 (1928) die freilich in manchen Punkten nicht ohne Widerspruch bleiben konnte (bes. bez. Diktat usw.). Über Wibald nun ausführlich F. Hausmann (s. S. 29, Anm. 4), S. 167—257; ferner noch F. Hausmann, W., Abt v. Korvey, in: Westfäl. Lebensbilder, Bd. VII, 1959.

42) Westdeutsche Zeitschr. 27 (1908).

43) Für die Echtheit und Gleichzeitigkeit (Entstehung vor 1163) A. G'sell O. S. B. in NA 43 (1920/22) u. P. Wackernagel, Diss. Breslau 1921.

44) Ausg. von Jaffé, Bibl. III, 606—615. DW 6361. Zu Arnold siehe auch F. Hausmann (s. S. 29, Anm. 4), S. 122—134.

45) Von einer etwas älteren, in Sachsen in niederdeutscher Sprache aufgezeichneten Kaiserchronik, wesentlich einer Sammlung alter und neuer fabelhafter Überlieferung, haben wir nur dürftige Spuren, s. Bernheim, NA 20 (1895).

46) Ausg.: MG Deutsche Chroniken I, 1892: Facsimile-Ausg.: Die Kaiserchronik des Stiftes Vorau. Hrsg. v. d. Steiermärk. Landesbibliothek, Graz 1953.

47) E. E. Stengel, D. Entstehg. d. Kaiserchronik u. d. Aufgang d. staufischen Zeit, DA 14 (1958) 395—417, nunmehr auch in: E. E. Stengel, Abhandlgn. u. Unterss.z.ma.lichen Gesch. 1960, S. 360—383; dazu ferner F. Urbanek, Euphorion III. F. 53 (1959) 113—152 und E. E. Stengel, DA 16 (1960) 226—228.

schungen Ohlys einen einheitlichen Aufbau mit der Grundkonzeption, den ewigen Kampf zwischen Gut und Böse nicht — wie bisher üblich — im Gegensatz von Christentum und Heidentum, sondern in beiden Lagern (ähnlich der „civitas permixta" Ottos von Freising) darzustellen[48].

Die Zahl der von Lothar III. erhaltenen *Urkunden* ist nicht groß, die Mehrzahl stammt aus den letzten Regierungsjahren[49]. Von Konrad III. sind mehr überliefert, doch für die Zeit des zweiten Kreuzzugs[50] — zwischen Herbst 1147 und Mai 1149 — keine[51].

Auch von den *politischen Kundgebungen* sind für beide Herrscher nur wenige Stücke erhalten.

Von Lothar u. a.: Das Urteil über Anaklet II. (1133), der Krönungseid, das Aufgebot zur zweiten Heerfahrt nach Italien, der Vertrag mit Venedig (1136) und die Lehnskonstitution auf den Ronkalischen Feldern (1136); von Konrad III. in der Hauptsache zwei Aufforderungen zum Hoftag 1138, einige Hofgerichtssprüche und einige Schreiben über die geplante Romfahrt von 1151.

Wohl kein anderes Geschichtswerk für die Zeiten Konrads III. und die ersten Regierungsjahre Friedrichs I. kann sich nach der Persönlichkeit seines Verfassers und nach seinem Inhalte mit den beiden Werken des Bischofs Otto von Freising[52] messen.

Als ein Sohn der Tochter Heinrichs IV. Agnes aus ihrer zweiten Ehe mit dem Markgrafen der Ostmark Leopold III. von Babenberg war er ein Neffe des letzten Saliers, Halbbruder und Oheim der ersten Staufer, Bruder der beiden österreichischen Markgrafen, die während des staufisch-welfischen Konfliktes im Besitz des bairischen Herzogtums waren. So ist er von Jugend auf den Führern der Partei-

48) E. F. Ohly, Sage u. Legende i. d. Kaiserchronik. Unterss. über Quellen u. Aufbau d. Dichtung, 1940 (Forschgn. z. dt. Sprache u. Dichtg., 10). Ferner H. Naumann, Das Reich i. d. Kaiserchr. Diss. Münster 1953. Weitere Lit. bei E. F. Ohly, Zs. f. dt. Altertum 77 (1940) 217.

49) Die Urkk. Lothars u. d. Kaiserin Richenza hrsg. v. E. v. Ottenthal und H. Hirsch, MG DD reg. et imp. Bd. VIII 1927 (Neudruck 1957).

50) Die Quellen z. Gesch. d. zweiten Kreuzzugs sind hier nicht aufgenommen.

51) Verzeichnet bei Stumpf, Reichskanzler II Nr. 3227—3604 u. Nachträge. Siehe nunmehr auch F. Hausmann, Reichskanzlei (s. S. 29, Anm. 4).

52) Die reiche Literatur über Otto und seine Werke, DW 6330. Über Otto's Stellung zu den großen, ihn berührenden Problemen seiner Zeit s. Eberh. Otto, O. v. Fr. u. Friedr. Barbarossa in HVS 31 (1938).

ungen nahegestanden und hat auch an der Beilegung des Konflikts persönlich Anteil genommen. Um 1112 geboren und zum geistlichen Berufe bestimmt, hat er in Paris studiert und ist dann aus Neigung (wohl 1132) in den Zisterzienserorden eingetreten, und zwar in Morimund, wo er bald Abt wurde, um dann von 1138 bis zu seinem Tode (1158) die — auch in wirtschaftlicher Hinsicht — sorgliche Leitung des Bistums Freising zu übernehmen.

In vollem Besitze der Bildung seiner Zeit, hat er in seiner *Chronik (Chronica sive de duabus civitatibus libri VIII)* auf augustinischer Grundlage und mit philosophischer Durchdringung die weltgeschichtliche Entwicklung zu begreifen gesucht. Er schildert das Elend dieser Welt und die Herrlichkeit des Reiches Gottes. Das siebente Buch, vom Ende des 11. Jahrhunderts bis 1146 reichend, ist als zeitgenössische, kundige Berichterstattung nicht fehlerlos, aber von großem Werte. Das Werk ist in seiner pessimistischen Stimmung ein getreuer Ausdruck für die wirrenvollen Zeiten Konrads III. Zwischen 1143 und 1146 geschrieben, ist es mit Zusätzen und Änderungen 1157 Friedrich I. überreicht worden. In den folgenden Jahrhunderten wurde es vielfach ausgeschrieben und weit verbreitet und zuerst von Cuspinian 1513 im Druck veröffentlicht[53]). Das achte Buch gibt eine Zusammenfassung von Ottos Welt- und Geschichtsauffassung.

Ganz anders ist ein Jahrzehnt später die Schilderung der nämlichen Epoche und der Anfänge Friedrichs I. in den *Gesta Friderici*[54]) gehalten. Es ist eine Verherrlichung

---

[53]) Ausg.: ed. altera v. A. Hofmeister MG SS. rer. Germ. i. u. sch. 45, 1912. Daselbst S. CII ff. Literatur über die Chronik; nach dieser Ausg. hrsg. v. W. Lammers u. vollständig übers. v. A. Schmidt, 1960 (Ausgew. Qu. z. Gesch. d. MA, Bd. 16) mit ausführl. Literaturangaben. Übers. v. Buch 6 u. 7 in: Geschichtsschr. 57; Otto von Freising, Gedenkgabe zu s. 800. Todesjahr hrsg. v. J. A. Fischer, 1958 (23. Sammelblatt d. Hist. Ver. Freising) mit Beitr. von J. Spörl u. A.; Beiträge mehrerer Verf. in: Analecta Sacri Ordinis Cisterciensis 14 (1958) 151 ff.; R. Folz, Collectanea Ord. Cisterc. reform. 20 (1958) 327—345; B. Griesser, Cistercienser-Chronik 65 (1958) 33—41.

[54]) Ausg. Ottonis et Rahewini Gesta Friderici I. ed. G. Waitz, ed. 3 curavit B. de Simson, MG SS. rer. Germ. i. u. sch. 46, 1912. Übers.: Geschschr. 59. Erste Ausgabe von Cuspinian 1515. Lit. s. auch Anm. 52 u. 53; ferner A. Frugoni, Sulla „renovatio senatus" del 1143 e l'„Ordo Equestris", Bullettino Ist. Italiano per il medioevo 62 (1950) 159—174; P. Brezzi, Note sulla composizione dei Gesta Frid. imp. di Ottone di Frisinga in: Studi medievali in onore di A. De Stefano, Palermo 1956, S. 122—135, weist auf die Notwendigkeit einer Überholung des Textes d. Ausg. v. 1912 hin.

Friedrichs und seines Geschlechts, nicht ohne offiziösen Anstrich, hat doch Friedrich I. selbst auf Ottos Bitte für ihn im Frühjahr 1157 seiner Regierung in Kürze die wesentlichen Angaben für die ersten Jahre in einem erhaltenen, den Gesta vorgesetzten Schreiben zusammenstellen lassen. R. Holtzmann vertrat die These, daß Otto — wie später Rahewin — außerdem eine von ihm erbetene und damals begonnene, in der Reichskanzlei nach und nach verfaßte und abschnittweise übersandte Stoffsammlung zur Verfügung gestanden habe, eine textlich knappe und inhaltlich reiche Darstellung, ein *„offiziöses Memoriale“*[55]). In den Konflikten mit der Kurie vermeidet es Otto, seiner irenischen Natur gemäß, seine persönliche Stellungnahme auszudrücken. Trotz mancher Ungenauigkeiten und Verschweigungen gehört das auch durch die sorgfältige Form und Aufnahme von Aktenstücken ausgezeichnete Werk zu den wichtigsten Denkmälern dieser Epoche. Otto selbst hat nur die beiden ersten, bis 1156 reichenden Bücher verfaßt[56]).

In zwei weiteren Büchern (III und IV) hat sein (bischöflicher) Notar Rahewin († 1177 als Propst von St. Veit in Freising) als Ottos Vermächtnis mit starker Benutzung antiker Muster, namentlich des Josephus und Sallust, die

---

[55]) R. Holtzmann, Das Carmen de Frederico I. imperatore aus Bergamo und die Anfänge einer staufischen Hofhistoriographie (NA 44 [1922] 252—313). Dies Memoriale habe von 1152 bis 1162 (diese Zeitgrenze, nicht 1160 [Schluß der Gesta Rahewins und des Carmen] sei aus Burchard von Ursperg [s. S. 114 f.] erschließbar) gereicht. In ihm sieht R. Holtzmann die Anfänge einer von Rainald von Dassel (seit Mai 1156 Kanzler) bewußt angeregten und gepflegten „staufischen Hofhistoriographie“, deren Spuren auch in späteren Jahrzehnten, bis hin zu dem verlorenen Werke des Mainardino von Imola unter Friedrich II. erkennbar seien. Dieses Memoriale habe auch der Dichter des Carmen de Frederico I. (s. S. 103), ebenso Gunther von Pairis, der Verfasser des Ligurinus (s. S. 103) gekannt und benutzt, sowie Johann von Cremona in seiner verlorenen Geschichte Friedrichs I. (s. Wattenbach II^{6} 327) und durch ihn Burchard von Ursperg in den als hystoria Friderici bezeichneten Teilen seiner Chronik (s. S. 114) bis 1162. Vgl. hierzu jedoch E. Ottmar, NA 46 (1926).

[56]) Eine wertvolle, Otto von Freising und andere Nachrichten ergänzende und berichtigende Quelle für die erste Hälfte des ersten Romzuges Friedrich I. (1154/55), vom Einmarsch in die Lombardei bis zur Katastrophe von Tortona (April 1155), bietet der Bericht *de ruina civitatis Terdonae*, wohl von einem Geistlichen in Tortona zwischen 1155 und 1163 verfaßt, Ausg. von A. Hofmeister in NA 43 (1920); DW 6402.

Darstellung bis 1160 fortgeführt[57]), z. T. noch nach Vorarbeiten Ottos; er hat dabei auch das offiziöse Memoriale (s. S. 101, Anm. 55) aus der Reichskanzlei und andere von ihm zusammengebrachte Aktenstücke, besonders für den Zwischenfall von Besançon (1157) und den daraus entsprungenen Konflikt mit der Kurie[58]) verwendet.

Die Bedeutung der *Gesta* können wir erst daran recht ermessen, daß uns von 1160 an für die Zeit Friedrichs I. eine ähnliche quellenmäßige Unterlage fehlt. Für die Politik Barbarossas in den Jahren 1161/62 und für die Zerstörung Mailands haben wir jedoch eine wertvolle Quelle in zwei *Briefen* des kaiserlichen Notars und Hofkaplans Burchard[59]), der mit dem 1177/78 in der Kanzlei nachweisbaren Burchard identisch sein dürfte.

Erst 1209 hat die Chronik Otto von Freisings eine bis dahin reichende Fortsetzung erfahren durch

Otto, Mönch und seit 1222 Abt[60]) von Sankt Blasien († 1223). Diese Fortsetzung ist, namentlich für die ersten Jahrzehnte, weit kürzer gehalten und nicht ohne erhebliche Irrtümer[61]). Politisch auf staufischer Seite stehend, aber auch welfische Quellen benutzend, tritt Otto doch für die Rechtmäßigkeit Alexanders III. ein.

Auch in dichterischer Form sind einzelne Teile von Friedrichs Regierung von Zeitgenossen gefeiert worden:

---

57) Ein kurzer Anhang reicht bis 1169. Ausgabe: s. S. 100, Anm. 54. Übers.: Geschichtsschr. 60.

58) Eberh. Otto, Friedr. Barbarossa in seinen Briefen, DA 5 (1942) 72—111 hat durch stilkritische Untersuchung dargetan (zustimmend K. Jordan in HZ 166, 1942, 178), daß eine Anzahl von kaiserlichen Manifesten u. Schreiben (so über Besançon) von Rainald von Dassel verfaßt seien. — Aus dem „Memoriale" und anderen Schreiben glaubt O. auch Wendungen u. Sätze herausschälen zu können, deren Fassung u. Inhalt auf Friedrich selbst zurückgehen.

59) Ausg. v. F. Güterbock, Bullettino dell'Ist. stor. Ital. per il medio evo 61 (1949) 1—65.

60) „Nach überwiegender, aber nicht zu beweisender Annahme vielleicht" Abt von St. Blasien: so Hofmeister.

61) *Chronicon*, Ausg. jetzt von A. Hofmeister in MG SS. rer. Germ. i. u. sch. 47, 1912. Übers.: Geschschr. 58. Eine kurze Fortsetzung bis 1274 ist fast ganz aus Martinus Polonus (s. S. 117) entnommen. F. Güterbock in Festschrift Rob. Holtzmann 1933, 191—209.

1. Der *Ligurinus*[62]) ist ein etwa im letzten Jahrzehnt des 12. Jahrhunderts verfaßtes Epos von 6576 Hexametern über Friedrichs Taten bis 1160. Inhaltlich beruht es in der Hauptsache auf Ottos und Rahewins Gesta, daneben — außer sonstigen eigenen Nachrichten — auch auf dem „offiziösen Memoriale" (s. S. 101, Anm. 55), das schon von Otto und Rahewin benutzt wurde[63]), und behandelt vornehmlich die Kämpfe um Mailand (Ligurum oder Ligurina urbs, daher der Name).

Im Mittelalter völlig unbekannt, wurde es von Konrad Celtis im Kloster Ebrach entdeckt und 1507 herausgegeben. Schon im 18., dann wiederholt im 19. Jahrhundert (besonders von R. Köpke) wurde seine Echtheit bestritten, diese aber 1871, unabhängig voneinander, zugleich von Gaston Paris in Paris und A. Pannenborg in Göttingen erwiesen. Als Verfasser, der eine Zeitlang Prinzenerzieher am Hofe gewesen ist, gilt seit Pannenborg[64]) ziemlich unbestritten Gunther, der Mönch im Zisterzienserkloster Pairis im Oberelsaß war[65]). Gunthers Verfasserschaft ist nunmehr von E. Aßmann wohl eindeutig erwiesen[66]).

2. In den *Gesta Friderici I. in Italia,* von R. Holtzmann besser als *Carmen de Frederico I. imperatore* bezeichnet[67]), die erst 1877 aufgefunden wurden, hat ein Italiener, vermutlich aus Bergamo, vor 1167 in einem offenbar unvollendeten[68]) Epos von 3343 Strophen die lombardischen Kämpfe bis 1160 behandelt.

---

62) Ausg.: v. Dümgé 1812, diese abgedruckt bei Migne PL Bd. 212. Übers. v. Th. Vulpinus (= Th. Renaud) Straßburg 1889. Neue Ausgabe in den MG wird von E. Aßmann vorbereitet.

63) So R. Holtzmann, NA 44 (1922) 289—296.

64) Progr. Göttingen 1883.

65) Von Gunther haben wir eine Geschichte des 4. Kreuzzugs (Historia Constantinopolitana) vom Verfasser des Ligurinus in dem fragmentarisch erhaltenen Solimarius eine Versifizierung der Historia Hierosolymitana des Mönchs Robert v. Reims (über den 1. Kreuzzug).

66) E. Aßmann, Bleibt der Ligurinus anonym? DA 12 (1956) 453—472. J. Sturm, Der Ligurinus (Stud. u. Darstellgn. aus d. Gebiete d. Gesch. 8) 1911. Manitius III 698 ff. DW 6331. O. Schumann in: D. dt. Lit. d. MA. Verfasserlexikon 2, 1936 Sp. 113 ff. K. Langosch, Politische Dichtg. um Ks. Friedr. Barbarossa, 1943.

67) NA 44 (1922) 253. Übereinstimmungen und Abweichungen zwischen dem Carmen und Otto von Freising bzw. Rahewin möchte H. aus der unterschiedlichen Benutzung einer gemeinsamen Quelle, des offiziösen Memoriale (s. S. 101, Anm. 55) erklären. DW 6399.

68) Vielleicht weil Bergamo 1166 von Friedrich abfiel (Giesebrecht).

Es bringt manch interessanten Zug und bestätigt im allgemeinen weitgehend unsere Kenntnis der Ereignisse[69]).

3. Gottfried von Viterbo, vermutlich von deutschen Eltern, selbst seit den Knabenjahren am Hofe und über 40 Jahre Kapellan bei Konrad III. und Friedrich I., auch zu diplomatischen Geschäften verwendet († nach 1190), hat in seinen *Gesta Friderici* vornehmlich die Kämpfe Friedrichs mit dem Papst und den Lombarden besungen[70]). Die Dichtung, die trotz vieler Verwirrungen eigene Nachrichten von Wert bringt — so über die Katastrophe von 1167 — reicht bis zum Sturz Heinrichs des Löwen (1181)[71]).

Wir würden von Friedrichs Politik und Regierungstätigkeit, wie schon gesagt, ein unzulängliches Bild bekommen, wenn wir nur auf die erzählenden Quellen angewiesen wären. Eine deutlichere Vorstellung seiner Herrschafts- und Wirtschaftspolitik, seiner Beziehungen zu weltlichen und geistlichen Großen gewinnen wir durch Heranziehung der *Urkunden und Akten*[72]). Für Friedrich I. erlangt dies Material nach Zahl und Gehalt eine die vor-

---

69) Ausg.: als Gesta di Federico I. in Italia von E. Monaci, Fonti per la storia d' Italia 1, 1887; neue Ausgabe in den MG von I. Schmale-Ott in Vorbereitung; Übers. (z. T.) von O. Doering als „Die Märe von Mailands Eroberung", mit Erläuterung, in: Gundlach, Heldenlieder, Bd. III.

70) Auf das Werk hat zuerst 1822 Docen aufmerksam gemacht; erste Ausgabe von J. Ficker 1853, dann von G. Waitz in MG SS XXII und in SS. rer. Germ. i. u. sch. 30, 1870 (Gesta Friderici I. et Heinrici VI. impp. metrice scripta); Inhaltsangabe und z. T. Übers. bei Gundlach, Heldenlieder Bd. III; E. Schulz, Entstehung d. Werke Gottfrieds v. V. NA 46 (1926); G.s Nationalität ist noch umstritten. DW 6332. Schreibmüller, Zs. f. bayer. Landesgesch. 14 (1943/44) 248—281.

71) Seine übrigen, Heinrich VI. gewidmeten, im Wechsel gebundener und ungebundener Sprache gehaltenen Werke *Speculum regum, Memoria saeculorum* und (umgearbeitet in) *Pantheon* sind historische, aber von Fabeln erfüllte, als Geschichtsquellen fast wertlose Kompilationen; doch bieten sie für die Geistesgeschichte viel Interessantes. Der Strophenbau zeigt je zwei Hexameter und einen Pentameter. Die *Gesta* hatten einen Teil der *Memoria* gebildet. Vgl. hierzu L. Meyer, Les légendes des matières de Rome, de France et de Bretagne dans le „Pantheon" de G. de V., Paris 1933.

72) Aus solchem Material in Verbindung mit den Angaben erzählender Quellen gewinnt man auch eine ungefähre Vorstellung von der Bedeutung, welche die finanziellen Einkünfte aus Italien für Friedrich I. gehabt haben, s. darüber Gertrud Deibel in Neue Heidelberger Jahrb. 1932, S. 21ff. u. ZSSRG Germ. Abt. 54 (1934) 134—177. An erster Stelle stehen Einkünfte aus Grundbesitz, dann die Regalien, das Fodrum (Heersteuer), durch Geldleistungen abgelöste Naturalabgaben, Gerichts- und Strafgelder, einmalige Einnahmen durch Geschenke und aus Testamenten u. a. m.

hergehenden Epochen in vieler Hinsicht überbietende Bedeutung.

K. F. Stumpf-Brentano hat in seinen Regesten („Die Reichskanzler" Bd. 2 1868—72, s. Qk I^6, S. 86) bereits über tausend Nummern verzeichnet, in der Hauptsache natürlich Urkunden[73]). Seither ist noch mancher Fund hinzugekommen. Das Material ist auf die einzelnen Jahre ziemlich ungleich verteilt. Auch finden sich während der jahrelangen Aufenthalte in Italien wenige auf Deutschland bezügliche Stücke. Neben Urkunden aber stehen Verträge, Mandate, Korrespondenzen, Hofgerichtssprüche u. a. m.

Wie sehr diese letztgenannten Quellenarten angewachsen sind, zeigt ihre Sammlung im ersten Bande der *Constitutiones et Acta* der MG (LL sect. IV. 1893; s. Qk. I^6 S. 78).

Hier finden sich unter anderem neben den wichtigsten Urkunden von staatsrechtlicher Bedeutung, wie der Erhebung Österreichs zum Herzogtum 1156 (*privilegium minus,* s. S. 106) und der Verleihung des Herzogtums Westfalen an das Erzbistum Köln 1180 (Gelnhausener Urkunde, s. S. 110), der Konstanzer Vertrag von 1153 und seine Erneuerung 1155[74]), die Beschlüsse auf den Ronkalischen Feldern von 1154 (Lehnskonstitution) und 1158 (Regalienfeststellung)[75]), die Beschlüsse von Konzilien unter kaiserlicher Leitung, Aufforderungen zu Hoftagen, Aufgebote zu Heerfahrten nach Italien, Akten und Korrespondenzen über Verträge mit ausländischen Herrschern und über die Freundschafts- oder Unterwerfungsverträge italienischer Kommunen, über die Konflikte mit den Päpsten von Hadrian IV. (1157/58) bis Clemens IV. (1189), die Würzburger Beschlüsse von 1165, die Friedensschlüsse und Verträge mit den Päpsten und Lombarden von Konstanz 1154, Montebello 1175[76]), Anagni 1176, Venedig 1177, Konstanz 1183, dazu weiter Hofgerichtssprüche, Edikte und Mandate in Münz-, Zoll-, Lehns-, Vogtei-, Judenangelegenheiten und über das Spolienrecht u. a. m.

Eine Grundlage für die Politik Friedrichs I. in Deutschland und Italien bildete die von Anfang an von ihm in

---

[73]) „Urkunde" im Sprachgebrauch der Diplomatik.

[74]) Zatschek, Beiträge zur Gesch. d. Konstanzer Vertrags v. 1153 SB WA 210 (1930), dazu kritisch Güterbock NA 48 (1932) 583 f. und P. Rassow, Honor imperii, 1940 (Neuaufl. in Vorbereitg.) passim. Deutung und Tragweite sind noch umstritten. Der vollständige Wortlaut zuerst bei Zatschek a. a. O.

[75]) DW 6587. P. W. Finsterwalder, Die Gesetze des Reichstags von Roncaglia v. 11. XI. 1158 ZSSRG Germ. Abt. 51 (1931) 1—69.

[76]) Hierüber nunmehr W. Heinemeyer, DA 11 (1954/55) 101—139.

Aussicht genommene und durch mehr als zwei Jahrzehnte bewährte Verständigung mit Heinrich dem Löwen. Sie fand ihren Abschluß 1156 in Regensburg in der Belehnung Heinrichs mit Baiern um den Preis der Loslösung der Ostmark als Herzogtum Österreich durch das sogenannte *privilegium minus*[77]).

Bis zur Mitte des 19. Jahrhunderts hat das noch viel umfassendere sogenannte *privilegium maius* als die echte Urkunde für die Babenberger gegolten; es wurde aber in Wirklichkeit erst 1360 unter dem Eindruck der Goldenen Bulle von Herzog Rudolf IV. angefertigt, weil er nicht hinter den Kurfürsten zurückstehen wollte. Erst Wattenbach und Ficker haben es als Fälschung erwiesen[78]).

So sehr der *Konflikt zwischen* Friedrich I. und Alexander III. die Zeitgenossen in beiden Lagern bewegte: Von einer publizistischen Begleitung, wie sie einst die Epoche des Investiturstreits gesehen hatte, ist doch keine Rede. So findet sich nur eine geringe Zahl von Schriftstücken aus diesen Jahren, zum Teil unbekannter Herkunft, im dritten Bande der Libelli de lite der MG. Nicht mehr die theoretischen Erörterungen über die Herrschaftsstellung des Papsttums in der Kirche und das Verhältnis von Staat und Kirche beschäftigen die Gemüter. Es handelt sich um politische Machtkämpfe, wie sie aus der neuen staufischen Auffassung vom Wesen des Imperiums und seiner weltlichen Machtstellung auch in Italien sich erheben mußten in dem Augenblicke, wo das Papsttum sich aus dem Gefühl der Bedrohung seiner Unabhängigkeit und Freiheit heraus dagegen auflehnte.

In solchen Tagen verhallte die Stimme eines Mannes, der in mönchischer Entsagung und sittlicher Reinheit die Mißstände im kirchlichen Leben seiner Zeit erkannte, kritisierte und auf ihre

---

[77]) Gedruckt: MG LL sect. IV Const. I, nr. 159 u. verbessert bei W. Erben, D. Privileg Friedr. I. f. d. Herzogtum Österreich, 1902, S. 131 ff.; Doeberl, Mon. Germ. sel. IV n. 31. Nunmehr zusammenfassend H. Fichtenau, Von d. Mark z. Herzogtum. Grundlagen u. Sinn des Pr. minus f. Österreich (Österreich-Archiv) 1958 (mit Lit.); H. Appelt, Blätter f. dt. Landesgesch. 99 (1959) 25—66. Th. Mayer in: Aus Gesch. u. Landeskunde. Festschrift F. Steinbach. 1960, S. 247—278.

[78]) A. Lhotsky, Privilegium maius. Die Gesch. einer Urkunde (Österreich-Archiv) 1958.

Abstellung bei den maßgebenden Instanzen bis zur Kurie hinauf, bei den Päpsten persönlich und schriftstellerisch einzuwirken bemüht war: Der das versuchte, war Gerhoh (1093—1169), seit 1132 Propst des Augustinerchorherrnstiftes Reichersberg am Inn. Unter seinen Werken zeigt besonders die große Schrift *De investigatione Antichristi*[79]) (1162), wie wenig es einem Manne seiner Richtung möglich war, das Problem von Imperium und Sacerdotium grundsätzlich und befriedigend zu lösen.

Eine spezifisch welfische Geschichtstradition in staufenfeindlichem Sinn, wie mehrfach behauptet worden ist, hat es nicht gegeben, wohl aber welfische *Familiengeschichten,* seit dieses Geschlecht mit Heinrich dem Schwarzen (seit 1120 Herzog von Baiern, † 1126) zu besonderer Bedeutung gelangt ist.

Unter diesen Aufzeichnungen ist am wichtigsten die *Historia Welforum,* die auf Grundlage einer älteren bis 1126 reichenden Genealogie um 1170 (zw. 1167 u. 1174) von einem im Hofdienste Welf VI. stehenden Weltgeistlichen[80]) geschrieben ist, „die erste Chronik, die ausschließlich der Geschichte eines Fürstenhauses gewidmet ist“, „eine zuverlässige Darstellung von selbständigem Zeugniswert“, die bis 1191 in Steingaden verfaßt, später bis 1208 fortgesetzt worden ist[81]).

Eine rege historiographische Betätigung, die zwar auch Vorgänge von reichsgeschichtlicher Bedeutung erwähnt, sich aber hauptsächlich um die Taten Heinrichs des Löwen gruppiert, begann in den mittleren Jahrzehnten des 12. Jahrhunderts in Sachsen. Manche dieser Aufzeichnungen sind

---

[79]) Gerhohs Schriften, soweit hierher gehörig, in MG, Libelli de lite III, 131—525. Seine nicht zahlreichen Briefe sind kirchenpolitisch wertvoll. DW 6435. D. Van den Eynde, L'oeuvre littéraire de Géroch de R., Roma 1957. E. Meuthen, Kirche u. Heilsgesch. bei G. v. R. (Stud. u. Texte z. Geistesgesch. d. MA 6) 1959 (dort weitere Lit); P. Classen, G. v. R. 1960.

[80]) Nicht wie früher angenommen von einem Mönch des Klosters (Altdorf)-Weingarten; daher Hist. Welf. Weingartensis, unter diesem Namen hrsg. v. G. Waitz in den Monumenta Welforum Antiqua in MG SS. rer. Germ. i. u. sch. 43. Übers.: Geschschr. 68. Abbildung der Weingartner Hs. bei Chroust, Monum. Palaeogr. III, Lfg. 4, Tafel 3.

[81]) Ausg. mit Übers. u. Erläuterung — aber ohne textkrit. Kommentar — v. E. König 1938 (Schwäbische Chroniken der Stauferzeit, 1) auf Grund einer neuen 1919 in Berlin gefundenen, vor 1200 in Altomünster geschriebenen Hs. (s. H. Wieruszowski in NA 49 (1932).

uns nicht erhalten oder nur in Ableitungen oder Bruchstücken auf uns gekommen.

So die sog. *Rosenfelder Annalen*, die nach Kloster Rossefeld-Harsefeld bei Stade gehören, aber nur bis in die Zeiten Lothars gereicht haben (s. S. 93 f.).

Vielfältige Benutzung haben die schon erwähnten ebenfalls verlorenen *Nienburger Annalen* gefunden, die Schmeidler auf Abt Arnold von Nienburg und Kloster Berge zurückgeführt hat (s. S. 94).

Propst Gerhard von Steterburg (bei Wolfenbüttel) schrieb das *Chronicon Stedeburgense*, ein, wenn auch einseitiges, doch für das Wirken Heinrichs recht wichtiges Werk, das bis zum Tode des Löwen, dem Gerhard nahegestanden hatte (1195), geführt ist[82]).

Mehr noch als der Kampf gegen die sächsischen Großen hat Heinrichs Tätigkeit als Eroberer und Kolonisator auf die Zeitgenossen Eindruck gemacht.

Diese Leistungen will Helmold mit seiner *Chronica Slavorum*[83]) verherrlichen. Helmold ist Pfarrer zu Bosau am Plöner See (geb. wohl nicht nach 1125, † nach 1177) gewesen. In lebhafter und anschaulicher Darstellung schildert er die Mission, das kirchliche Leben und die Germanisierung im Slawenlande, besonders in Wagrien und unter dem Bischof Vicelin von Oldenburg i. H., den er selbst gekannt hat. Durch Bischof Gerold hat er die Urkunden des Lübecker Archivs benutzen können. Weiter gilt die Erzählung vor allem den großen Taten Heinrichs des Löwen und dem Aufblühen Lübecks bis 1171.

Bis dahin ist Helmold für diese norddeutschen Verhältnisse die wichtigste erzählende Quelle. Seine Zuverlässigkeit und Wahrheitsliebe ist von C. Schirren in übertriebener Weise bestritten worden, doch hat dies rasch weitgehende Ablehnung

---

82) Ausg. (als Ann. St.) von Pertz in MG SS XVI 197—231; Übers.: Geschschr. 62.

83) Ausg.: MG SS. rer. Germ. i. u. sch. 32, 3. Aufl. (Text anastat. Neudruck, neue deutsche Einl.) 1937 von B. Schmeidler; Übers.: Geschschr. 56 auch von Schmeidler, s. auch dessen Einleitung zur Ausgabe u. in Zs. d. Ver. f. Lüb. Gesch. 14 (1912). DW 6877 (Lit.)

und Widerlegung gefunden[84]). Auf den Versuch D. N. Jegorovs[85]), Helmolds Unglaubwürdigkeit namentlich wegen seiner Angaben über die deutsche Kolonisation Mecklenburgs anzuprangern, wurde bald, zuerst von Schmeidler dann von Hans Witte entsprechend erwidert[86]).

An Helmold knüpft an die Chronik von Arnold von Lübeck (†1212), dem ersten Abt des dortigen Johannis-Klosters, die von 1171—1209 reicht[87]). Auch er erzählt von den heimischen Gegenden, aber dazwischen auch vielerlei von den Vorgängen im Reich und auf den Kreuzzügen bis 1209. Erst in seinen letzten Jahren hat er die Chronik verfaßt und ist für die früheren Jahrzehnte vielfach unzuverlässig und undeutlich, so in seinen Nachrichten über die Katastrophe Heinrichs des Löwen. An Wert und Zuverlässigkeit steht er hinter Helmold zurück.

Im übrigen ist die ganze *sächsische Annalistik* seit der Mitte des 12. Jahrhunderts nicht nur für die Geschichte Heinrichs des Löwen von Bedeutung, sie bietet für diese Zeit und weiterhin bis ins 13. Jahrhundert wichtigste Nachrichten reichsgeschichtlichen Charakters.

In Magdeburg, im Kloster Berge, sind seit etwa 1145 auf Anregung, vielleicht im Auftrag und mit Unterstützung des Abtes Arnold (s. S. 94 f.) die *Annales Magdeburgenses*[88]) geschrieben worden (früher *Chronographus Saxo* genannt). Bis 1125 Frutolf-Ekkehard ausschreibend, dann Arnolds Werke und andere, verlorene Quellen benutzend, sind sie von mehreren Verfassern zunächst bis 1180 geführt, dann mit Auslassungen, vielleicht auch Zusätzen in die uns erhaltene Gestalt umgeschrieben und bis 1188 fortgeführt. Sie enthalten z. T. wertvolle Nachrichten, z. B. über Heinrichs des Löwen Slavenpolitik in den 50er und 60er Jahren und bestätigen die Darstellung Helmolds. Sie sind vielfach in anderen Klöstern (so Pegau, Pöhlde, Lauterberg) benutzt worden.

---

84) Beitr. z. Kritik älterer holsteinischer Geschichtsquellen, 1876. Lit. gegen Schirren bei DW 6877.

85) D. Kolonisation Mecklenburgs im 13. Jh. (russisch) 1919, deutsch v. H. Cosack 2 Bde. 1930; Bd. 3, 1931 bringt d. ausführl. Entgegnung Wittes.

86) HZ 146 (1932) 333—340 u. NA 50 (1933/35); für Witte s. Anm. 85.

87) Ausg.: MG SS rer. Germ. i. u. sch. 14 v. Lappenberg 1868 (Neudruck 1930); neue Ausgabe in den MG in Vorbereitung. Übers.: Geschichtsschr. 71. DW 6877 A. Leitzmann, Zs. f. dt. Altertum 67 (1930) 285 ff. K. Schambach, HVS 30 (1935) 662—685.

88) Ausg.: MG SS XVI 107—196; Übers.: Geschschr. 63. Eingehende ergebnisreiche Untersuchung v. B. Schmeidler in Sachsen u. Anhalt 15 (1939).

Auch die aus dem Kloster Pöhlde (am Harz) stammenden *Annales Palidenses*[89]), die bis 1182 reichen, enthalten für die letzten Jahrzehnte brauchbare eigene Nachrichten; wichtig sind als Ergänzung für die Katastrophe Heinrichs des Löwen.

Das gleiche gilt auch für die in Kloster Pegau (bei Leipzig) verfaßten *Annales Pegavienses*[90]), die bis 1149 zunächst an Erfurter Aufzeichnungen, dann an die Magdeburger Annalen angelehnt sind, doch weiterhin und vor allem für die Jahre von 1176—1181, also für die letzten Kämpfe des Löwen selbständig berichten und großen Wert haben. Sie sind zunächst bis 1190 geführt und dann bis zum Ende des 13. Jahrhunderts, besonders gut für die Jahre 1215—1227, fortgesetzt worden.

Freilich für die Ursachen und den Verlauf dieses verhängnisvollen Konflikts sind die genannten Aufzeichnungen ebensowenig ausreichend wie die urkundliche Überlieferung; auch die berühmte *Gelnhausener Urkunde* über die Teilung des Herzogtums Sachsen vom 13. April 1180[91]) gibt nicht hinreichenden Aufschluß.

Für eine Gesamtwürdigung Heinrichs des Löwen[92]), vor allem hinsichtlich seiner Leistungen in seinen Herzogtümern, ist die Heranziehung des urkundlichen Materials ganz unerläßlich[93]), ebenso für seine Städtepolitik und sein Wirken für Kultur und Kunst[94]).

---

[89]) Ausg.: MG SS XVI 48—98, z. erstenmal hrsg. 1859 v. Pertz nach einer Göttinger Hs.; die Originalhs. wurde 1877 v. G. Waitz in Oxford gefunden, sie bot nur wenig Abweichungen (s. NA 4, 1879). DW 6391. Übers.: Geschschr. 61.

[90]) Ausg.: MG SS XVI, 234—270. DW 6392.

[91]) Text: MG Const. I n. 279, 385 f. 1893; Altmann Bernheim[2] n. 127, S. 281; Zeumer n. 15; bester Text mit Lichtbild bei F. Güterbock, Die Gelnh. Urk. u. d. Prozeß Heinrichs d. L. 1920. — Doeberl, Mon. Germ. sel. IV, 254—264. Umstritten sind bes.: a) Die Zusammenkunft in Chiavenna (Frage der Tatsächlichkeit und des Verlaufs) s. dazu die Lit.-Übers. von K. Jordan in Gebhardt-Grundmann, Handbuch d. Dt. Gesch. I[8], S. 321; b) Der Verlauf des Prozesses u. c) Die Auslegung der Urkunde selbst, dazu siehe die Lit.-Übers. ebda., S. 324. Ferner G. Kallen, Jahrb. d. Köln. Geschichtsvereins 31/32 (1957) 78—107.

[92]) D. beiden Biographien von H. Prutz (1865) u. M. Philippson (1869, auch in d. 2. A. 1918) sind quellenkritisch ganz unzureichend u. verzeichnet. DW 6621. H. Mau, Heinrich d. L. 1943; W. Rasche, Heinrich d. L. im Spiegel d. ausländ. Quellen des MA., Braunschweigisches Jb. 32 (1951).

[93]) Die Urkk. Heinrichs d. L. Bearb. v. Karl Jordan 1941—1949 (davon Teil 1 Neudruck 1957) in den MG; ein Nachtragsteil ist vorgesehen.

[94]) Für Heinrichs Betätigung für Kunst und Kunstgewerbe als Veranlasser und Auftraggeber sei auf die Studie von G. Swarzenski „Aus dem Kunstkreis Heinrichs des Löwen" (Städel-Jahrbuch 7/8, 1932) verwiesen.

In einer sorgfältigen Untersuchung hat E. Rundnagel die Quellenverhältnisse der von 1124—1225 reichenden *Lauterberger Chronik (Chronicon Montis Sereni)*[95]) klargelegt und einen Kustos Martin als Verfasser festgestellt. Er ist ein trefflicher Schilderer kulturellen Lebens und getreuer Überlieferer der wichtigsten, später verlorenen Reichsgeschichten des 12. und 13. Jahrhunderts[96]).

Am umfangreichsten sind die in *Erfurt* entstandenen Aufzeichnungen, deren einzelne Teile und Beziehungen erst von Holder-Egger klargelegt sind[97]). Neben den schon erwähnten Annalen über Lothars Regierung (s. S. 93 f.) und zum Teil umfangreichen Aufzeichnungen der Dominikaner und Franziskaner bis über die Mitte des 13. Jahrhunderts hinaus ist vor allem die große, im St. Peterskloster entstandene Chronik zu nennen, die, früher als *Chronicon Sampetrinum* bezeichnet, von Holder-Egger als *Cronica S. Petri Erfordensis moderna* (im Gegensatz zu früheren, dort entstandenen Aufzeichnungen) für die Jahre 1072 bis 1335 bzw. 1355 herausgegeben ist; der erste Teil, auf manchen sonst nicht erhaltenen Quellen beruhend, ist 1208 oder 1209 geschrieben und hört 1209 auf; daran schließt sich eine sehr wichtige, bis 1276 reichende, erst nach diesem Jahre geschriebene Fortsetzung.

Mit diesen Aufzeichnungen in vielfacher, wenig durchsichtiger Verbindung, freilich auch Nachrichten eigenen Wertes hinzufügend, steht eine große, erst gegen die Mitte des 14. Jahrhunderts entstandene Kompilation[98]) aus dem thüringischen Kloster Reinhardsbrunn bei Gotha, die *Cronica Reinhardsbrunnensis*[99]).

Sie ist durch das teilweise Ausschreiben und mosaikartige Zusammensetzen sehr verschiedener Quellen entstanden und um so

---

95) Ausg.: MG SS XXIII 138—226.

96) E. Rundnagel, D. Chronik der Petersberges bei Halle usw. 1929 und (gegen Widerspruch) in d. Festschrift f. R. Holtzmann 1933.

97) Monumenta Erphesfurtensia saec. XII, XIII, XIV. Ausgabe (nur zu benutzen) von O. Holder-Egger in MG SS XXX, 1, 335—457 u. SS. rer. Germ. i. u. sch. 42, 1899; dazu derselbe in NA 21 (1896). Die Übers. in Geschschr. 52 noch nach älterer Ausgabe.

98) Zuerst als Annales Reinhardsbrunnenses von Wegele 1854 herausgegeben, jetzt unbrauchbar.

99) Ausg.: MG SS XXX, 1, 400—690 v. Holder-Egger, dazu dessen Untersuchungen über thüring. Geschichtsquellen NA 20 (1895), 21 (1896), 25 (1900) u. K. Wenck, Die Entstehung der Reinhardsbrunner Geschichtsbücher 1878, DW 7481. Früher: Annales Reinh.

kritischer zu betrachten, da darin auch die großen, zuerst 1227 verwendeten Reinhardsbrunner Urkundenfälschungen eine Rolle spielen[100]). Es scheint jetzt festgestellt, daß ihr für 1187—1215 eine auch für die Reichsgeschichte gehaltvolle, gleichzeitige, nicht annalistisch gefaßte, in Reinhardsbrunn entstandene Quelle zugrunde liegt, die für 1209—1215 auch in der Erfurter Peterschronik erscheint und vom Verfasser einer Schrift *De ortu principum Thuringiae* herrührt, die auch in der Kompilation erscheint. Daran schließen sich wertvolle Aufzeichnungen 1218 bis 1228 von Berthold, einem Kaplan des Landgrafen Ludwig von Thüringen; ein weiterer Teil von 1230—1338 enthält zumeist Klostergeschichte.

Die *Annales Stadenses*[101]) (auch Chronik) sind von Albert, dem Prior und (seit 1232) Abt im Marienkloster in Stade, der, bisher Benediktiner, 1240 Franziskaner wurde, verfaßt. Seit 1240 geschrieben (bis 1256) mit einer Fortsetzung bis 1265, müssen sie ursprünglich eine (aus späterer Benutzung zu erschließende) weit reichere Fassung gehabt haben. Der ältere, kompilatorische Teil bietet auch für das 12. Jahrhundert (aus verlorenen Annalen) Nachrichten von Wert; selbständiger, reichhaltiger und zuverlässiger sind die letzten Jahrzehnte.

Weit mehr den Charakter reichsgeschichtlicher Darstellung tragen die umfangreichen Aufzeichnungen, die in dem damals mächtig aufstrebenden Köln entstanden sind. Sie benutzen zunächst vornehmlich die Annalen von St. Alban zu Mainz (s. S. 75 f.) und Ekkehard von Aura (s. S. 74 f.), dann die Paderborner Annalen (s. S. 93) und sind von 1144 ab selbständig. Früher als *Annales Colonienses Maximi* bezeichnet, heißen sie seit Waitz, weil sie Reichsgeschichte geben wollen, mit Recht *Chronica regia*[102]) *Coloniensis*[103]).

---

100) A. Naudé, Die Fälschung d. ältesten Reinhardsbrunner Urkunden 1883. DW 6367.

101) Ausg.: MG SS XVI 283—378; Übers.: Geschschr. 72. DW 6396. K. Fiehn, HVS 26 (1931) 536—572; ders. in Festschrift f. Karl Strecker, 1931, 45—52. E. Cerulli, Rivista degli studi orientali 24 (1949) 145 ff. R. G. Hucke, Die Grafen v. Stade (Einzelschriften d. Stader Geschichts- u. Heimatvereins, 8) 1956, Exkurs 1. H. Krüger, Das Stader Itinerar des Abtes Albert a. d. Zeit um 1250, Stader Jb. N. F. 46—48 (1956—1958).

102) Vgl. zu 1147: Nil quod regiae chronicae dignum sit imprimi, actum est in hoc itinere (2. Kreuzzug).

103) Ausg.: v. G. Waitz in MG SS. rer. Germ. i. u. sch. 18, 1880. Übers.: nach d. früheren Ausgabe von Pertz in Geschschr. 69. DW 6369.

Der erste von 1145—1175 reichende Teil ist erst um 1175 geschrieben. Die frühere Annahme, daß er von dem kaiserlichen Kaplan und Notar Burchard (s. S. 102) — von dem politischen Berichte benutzt sind — geschrieben sei, ist aufgegeben. Daran schließt sich eine in den neunziger Jahren entstandene Fortsetzung bis 1199 und nach einiger Zeit eine weitere Fortsetzung bis 1220. Das ist die eigentliche *Königschronik.* Sie ist vom Standpunkt des Königtums geschrieben und verschweigt wohl die Opposition der Kölner Erzbischöfe. Im Thronstreit steht die Chronik auf der Seite Ottos IV., trägt aber der wechselnden Haltung des Erzbischofs Adolf Rechnung. Von 1208 ist Otto, von 1212 an aber Friedrich II. für den Verfasser der rechtmäßige Herrscher. Eine Fülle wichtiger, wenn auch zumal bei zeitlichem Abstand nicht immer zuverlässiger und genauer Kunde, die auch über die Grenzen des Reichs hinausreicht, ist uns in diesem Werk erhalten.

Im Kloster St. Pantaleon in Köln hat man gegen 1220 eine eigene Chronik geschrieben, die an die älteren Teile von 1200 anknüpft, diese aber für einzelne Abschnitte umgestaltet[104]). Sie ist in ihrem ersten Teil ebenfalls bis 1220 geführt, daran sind weitere Fortsetzungen bis 1238 bzw. 1249 angeschlossen. Diese Arbeit ist also eigentlich eine *Königschronik aus St. Pantaleon,* denn auch sie ist reichsgeschichtlich und inhaltlich wertvoll[105]).

Aus einem der wichtigsten Machtgebiete der Staufer, dem Elsaß, stammt die Chronik, die, früher nur im Auszug bei Matthias von Neuenburg (s. Qk. III) bekannt, von J. F. Böhmer als Annales Argentinenses, dann zuerst vollständig von R. Wilmanns als *Annales Marbacenses*[106]) herausgegeben ist. Bis 1156 wesentlich Kompilation, von 1100 an verlorene Straßburger (Reichs-)Annalen[107])

---

104) Diese stehen bei Waitz als Rec. II unter dem Text der ursprünglichen Chronik (Rec. A).

105) Waitz hat diese Teile als 4., 5. u. 6. Forts. der Chron. reg. Col. bezeichnet und herausgegeben, MG SS. rer. Germ. i. u. sch. 18, 1880, S. 197 bis 299.

106) Ausg.: MG SS XVII; Übers.: Geschschr. 74; die neue Ausgabe von H. Bloch, Ann. Marb. *qui dicuntur* in MG SS. rer. Germ. i. u. sch. 9, 1907 beruht auf seinen im Text angeführten Ansichten. S. dazu Hashagen, Els.-Lothr. Jahrbuch 5 (1920).

107) Denen bis 1179 Straßburger Münsterannalen zugrunde liegen sollen: so — schwerlich richtig — Bloch, s. Anm. 106.

ausschreibend oder wohl verarbeitend (R. Holtzmann), reicht das Werk bis 1238[108]). Der wertvollste Teil ist die reichsgeschichtliche Chronik für die Jahre 1184—1200. Entstehungsart, Verfasser und Zusammensetzung sind umstritten.

Gegen Wilmanns hatte schon Hegel wieder Straßburg als Heimat bezeichnet, A. Schulte das Ganze als eine im Kloster Neuburg bei Hagenau entstandene Kompilation angesehen. Nach Bloch[109]) sollen wir im ersten Teil eine bis 1212 reichende Hohenburger Chronik vor uns haben, die im Nonnenkloster Hohenburg auf dem Odilienberg mit Benutzung von bis 1200 reichenden verlorenen Straßburger Annalen um 1210 von einem dort amtierenden Mönch aus Kloster Marbach (bei Kolmar im Elsaß) verfaßt sei. Notizen und Nachträge seien in Marbach angefügt und um 1235 im Kloster Neuburg mit weiteren Zusätzen eine Fortsetzung bis 1238 geschrieben. Demgegenüber hat J. Haller dargetan, daß wir bis 1200 eine seit 1184 selbständige, bis dahin[110]) die Straßburger Annalen benutzende[111]), um 1190 begonnene Chronik vor uns haben; als ihren Verfasser, einem Augenzeugen wegen der vortrefflichen Schilderung auch der italienischen Vorgänge der neunziger Jahre, spricht er den Propst Friedrich von St. Thomas zu Straßburg an, der als Hofkaplan und Leutpriester zu Kolmar bis 1200 nachweisbar ist. Diese Arbeit wurde frühestens 1238 in Marbach fortgesetzt und bald darauf in Neuburg abgeschrieben, ergänzt (für 1201—1208) und glossiert[112]).

Burchard von Ursberg, geb. nicht nach 1177 in Biberach, 1215—1230 Propst in Ursberg, hat wohl erst um 1229 eine bis dahin reichende Chronik verfaßt, die für die Zeiten Friedrichs I. durch die Benutzung verlorener italienischer Quellen

---

[108]) Daß die bis dahin als Grundlage dieser Ann. Argentinenses (maiores) angesehenen Ann. Argent. breves (bis 1207) eine Fälschung des Abbé Grandidier aus dem 18. Jahrh. sind, hat Bloch überzeugend nachgewiesen.

[109]) Regesten der Bischöfe von Straßburg I, 1 S. 1—199: Die elsässischen Annalen der Stauferzeit v. H. Bloch, 1908.

[110]) Nach Haller reichten die Straßburger Ann. nur bis 1200.

[111]) Nach R. Holtzmann: verarbeitende.

[112]) J. Haller, Die Marbacher Annalen 1912. H. scheint in den entscheidenden Punkten das Richtige getroffen zu haben, bes.: Einschnitt zu 1200. Gegen Oppermann (MÖIG 34, 1913, 561—595): Hohenburger Chronik (mit Benutzung der Straßburger Aufzeichnungen) bis 1214 von Dompropst Friedrich, Fortsetzung für 1215—1238 in Straßburg von Dompropst Arnold von Bürglen 1238 s. J. Haller, HVS 17 (1914) 345—360 u. darauf Oppermann, HVS 18 (1916/18) 191 ff. R. Holtzmann in Cartellieri-Festschrift 1927; s. auch Hashagen, Els.-Lothr. Jb. 5 (1920).

(besonders des Johannes von Cremona[113]) und einer Chronik von Tivoli), von Heinrich VI. ab als selbständige Erzählung sowie durch Aufnahme von Aktenstücken, namentlich aber von Beginn des Thronstreits an und für die ersten Jahrzehnte Friedrichs II. wertvoll und durch eifriges Eintreten für die Staufer ausgezeichnet ist[114]).

Auch die in mannigfachen Absätzen durch die Jahrhunderte hindurch fortgesetzten Aufzeichnungen aus St. Gallen, die *Casus St. Galli*, haben neben meist unbedeutenden Partien auch wertvollere Abschnitte, so namentlich für den Zeitraum von 1203 bis 1233 (von dem Klosterbruder Conrad de Fabaria)[115]).

Die Erweiterung des geschichtlichen Schauplatzes durch die Kreuzzüge und die großen politischen Konflikte seit dem Ausgange des 12. Jahrhunderts rief bald auch umfassende Versuche universaler Darstellungen, *Weltchroniken*, hervor.

Dahin gehört das erste *deutsch* geschriebene Geschichtswerk in Prosa, in niederdeutscher Sprache, das man früher (Eccard 1723, auch noch Böhmer) als „Niederdeutsche Kaiserchronik“, gemeinhin „Chronicon Lueneburgicum“, dann (Maßmann 1875) als „Zeitbuch des Eike von Repgow“ bezeichnete und jetzt die *Sächsische Weltchronik*[116]) nennt. Diese Chronik ist nach K. A. Eckhardt[117]) um 1230/31 entstanden und hat in ihrer letzten Rezension bis 1248 gereicht. Sie ist außerordentlich verbreitet gewesen, ins Lateinische übersetzt, oberdeutsch überarbeitet worden und hat in den verschiedensten Gegenden Fortsetzungen, zum Teil bis ins 14. Jahrhundert, gefunden, bis sie durch das Handbuch des Martinus Polonus (s. S. 117) mehr und

---

113) Für 1152—1162 hat Burchard über Johannes v. Cremona auch das offiziöse „Memoriale“ (s. S. 101, nach R. Holtzmann) benutzt.

114) Ausg.: Burchardi praepositi Urspergensis Chronicon, 2. A., v. O. Holder-Egger u. B. v. Simson, MG SS. rer. Germ. i. u. sch. 16, 1916; das Werk ging früher unter dem Namen von Konrad v. Lichtenau, Abt v. U. († 1240). Ursberg liegt zwischen Ulm und Augsburg. DW 6399. F. Güterbock in Festschrift Rob. Holtzmann 1933, 191—209. P. Brezzi, Quellen u. Forschgn. aus ital. Arch. u. Bibl. 34 (1954) 288—292.

115) Casuum S. Galli cont. tertia. Ausg.: v. G. Meyer v. Knonau in St. Gallische Geschichtsquellen IV, 1879, DW 6353.

116) Ausg.: v. L. Weiland in MG Deutsche Chroniken II, 65—258, 1877; DW 6397 (mit Lit.).

117) Abh. GGW. 1931 u. ZSSRG Germ. Abt. 53 (1933) 301—316.

mehr verdrängt wurde. Natürlich bieten fast nur die letzten Jahrzehnte Nachrichten von eigenem Werte. Doch haben manche wichtige Vorgänge keine Erwähnung gefunden.

Zeitweilig galt Eike von Repgow, der Autor des Sachsenspiegels (s. S. 134), dem man früher schon das ganze Werk zugeschrieben hatte, ziemlich allgemein als Verfasser nur der gereimten Vorrede[118]). Dann hat (1910) K. Zeumer[119]) für Eike auch die Chronik selbst in Anspruch genommen und vielfach Zustimmung gefunden. Ballschmiede[120]) hat das nur für die Redaktion A gelten lassen wollen, B und C aber als fremde nach Bremen bzw. Lüneburg weisende Überarbeitungen angesehen. Hofmeister hat dann die Zuweisung an Eike überhaupt abgelehnt[121]). Doch hat Eikes Verfasserschaft seither so weitgehend Zustimmung gefunden (vor allem bei Voltelini, Möllenberg, R. Holtzmann und K. A. Eckhardt), daß sie wohl als allgemeine Ansicht gelten kann[122]).

Andere, zum Teil weit umfangreichere Weltchroniken aus der ersten Hälfte des 13. Jahrhunderts sind außerhalb Deutschlands entstanden, berühren aber in größerem oder geringerem Umfange die deutschen Angelegenheiten und haben daher auch — manche wenigstens in den betreffenden Abschnitten (s. dafür DW 6421) — Aufnahme in die Monumenta Germaniae gefunden. Dazu gehören:

1. Die Chronik des Kanonikus Robert von Auxerre (1156—1212). Sie reicht bis 1211 und beruht von 1180 auf eigener Kenntnis, ist stoffreich und wertvoll; eine Fortsetzung führt bis 1228[123]).

2. Das *Chronicon* des Zisterziensermönchs Alberich von Troisfontaines (in der Champagne) († nach 1252), geschrieben seit 1232; es reicht bis 1241[124]), hat auch für die letzten zwei Jahrzehnte manche gute Nachrichten.

118) V. 89: „daz ist des van Repegouwe rat".

119) Festschrift Heinrich Brunner, 1910.

120) Die sächsische Weltchronik, Diss. Berlin 1914 (auch Niederdeutsches Jb. 40 (1914). Nach ihm weist die Entstehung von Rez. B nach Bremen, von Rez. C nach Lüneburg. S. ders. in Korr.-Blatt d. Ges. V. d. dtschen Gesch.- u. Altert.-Vereine 60.

121) HZ 115 (1915/16) 207 u. HZ 118 (1917) 148.

122) S. auch W. Möllenberg, Eike v. Repgow u. s. Zt. 1934.

123) Ausg.: (v. 1112 an) v. O. Holder-Egger, MG SS XXVI 226—287.

124) Ausg.: v. P. Scheffer-Boichorst, MG SS XXIII 674—950 DW 6381.

3. Das *Speculum historiale* (bis 1244) des Dominikaners Vincentius Bellovacensis (von Beauvais, † 1262), geschrieben zwischen 1244 und 1250. Es ist ein Teil einer großen Enzyklopädie *(speculum naturale, doctrinale, historiale);* die deutsche Geschichte wird nur in einem kleinen Teile berührt[125]). Einen Auszug daraus bildet das *Memoriale omnium temporum*[126]).

Diese Weltchroniken sollten als umfangreiche Kompilationen zum Teil in erster Linie auch Unterrichtszwecken (auch bei Disputationen) dienen. Sie sind dann gerade in dieser Hinsicht in der zweiten Hälfte des 13. Jahrhunderts von den kürzeren, bequemeren, aber durch geschichtliche Verständnislosigkeit, Dürftigkeit des Inhalts und teilweise Entstellung der Tatsachen gekennzeichneten Kompendien der Bettelorden verdrängt worden:

durch das *Chronicon pontificum et imperatorum* (bis 1277) des Dominikaners Martinus Polonus[127])

und die aus dem Franziskanerorden (Minoriten) hervorgegangenen *Flores temporum* (bis 1292)[128]).

Als Dokument geistiger Strömungen vor allem in den Bettelorden in der zweiten Hälfte des 13. Jahrhunderts bemerkenswert, sind sie als Geschichtsquelle, d. h. zur Beglaubigung für historische Vorgänge, weniger wertvoll.

Neben universalgeschichtlichen Übersichten, wie sie die großen Weltchroniken bieten wollen, stehen die *territorialgeschichtlichen Darstellungen.* Wie die weltlichen Dynasten, so entwickeln sich auch die Kirchenfürsten in der staufischen Periode, insbesondere in ihrer zweiten Hälfte, gefördert durch königliche Privilegien und Reichsgesetze, immer mehr zu Territorialherren. Weltliche und geistliche Große sind mit allen Mitteln bemüht, ihren territorialen Besitz auszudehnen, abzurunden, äußerlich und verwaltungsmäßig zusammenzufassen. Es ist die Zeit der Entwicklung zur Landeshoheit.

---

125) Auszug: MG SS XXIV 164—167, 836 f.

126) Auszug: MG SS XXIV 157—162.

127) Aus Troppau, das zur polnischen Ordensprovinz der Dominikaner gehörte. Ausgabe v. L. Weiland MG SS XXII 377—475. Wattenbach II, 466—471. DW 6339 u. bes. P. I, 770.

128) Mit weiteren Fortsetzungen (s. P. I, 451 f.).

Daher erhalten auch die Fortsetzungen der alten *Bistumsgeschichten* vielfach mehr oder weniger den Charakter von Landesgeschichten. Unter ihnen sind von größerer Bedeutung:

1. Die Halberstädter Bistumsgeschichte, *Gesta episcoporum Halberstadensium*[129]). Sie umfaßt, am Beginn des 13. Jahrhunderts in der uns vorliegenden Gestalt aufgezeichnet, die Zeit von 780—1208. Erst um 1140 begonnen, beruhen die älteren Abschnitte auszugsweise auf reicheren, zumeist verlorenen Quellen. Erst vom letzten Jahrzehnt des 12. Jahrhunderts an wird die Darstellung reichhaltig und wertvoll (s. auch vorher S. 43).

2. Die Fortsetzung der Trierer Bistumsgeschichte, der *Gesta Treverorum,* deren älterer Teil bis 1101 gereicht hatte (s. S. 44). Sie setzt sich aus einer Reihe von Stücken zusammen, die in Wert und Ausführlichkeit ungleich sind. Hervorzuheben sind die Abschnitte über die Zeiten des Erzbischofs Albero (1131—1152) (s. S. 95), des Trierer Wahlstreits in den achtziger Jahren und des Erzbischofs Arnold II. (1242—1259)[130]). Vielfach ist urkundliches Material aus dem Bistumsarchiv benutzt. Für Arnold II. hat augenscheinlich eine ausführliche Vita zugrunde gelegen; hier gewinnt die Darstellung in der Rechtfertigung von Arnolds Politik fast offiziellen, aber etwas einseitigen Charakter.

3. Die Fortsetzung der *Lütticher Bistumschronik* (s. S. 44), die Aegidius, ein Mönch des Zisterzienserklosters Orval (in Luxemburg) für die Zeit von 1048—1247 verfaßt hat: *Aegidii Aureaevallensis Gesta pontificum Leodiensium*[131]). Eine bunte unverarbeitete Materialsammlung mit vielen Änderungen, Nachträgen und Zusätzen, die sich aus dem erhaltenen Original erkennen lassen.

Für die Zustände in *Friesland,* voll von Kämpfen und Konflikten aller Art, ist die Chronik des Klosters Floridus Hortus bei Wittewierum (bei Groningen) eine reichhaltige und interessante Quelle. Emo, der erste Abt dieses 1204 begründeten Prämonstratenserklosters, hat sie begonnen und bis an seinen Tod (1237) geführt; Menko, sein Klosterbruder, der 1243 die Abtswürde erhielt, hat sie bis 1272 fortgesetzt[132]).

[129]) Ausg. MG SS XXIII 73—123. B. Schmeidler, Zu den älteren Geschichtsquellen von Halberstadt, Sachsen u. Anhalt 16 (1940).

[130]) Ausg.: MG SS XXIV 376—414; Übers. v. E. Zenz: Die Taten der Trierer, Teil 3 (1152—1259). 1959. Über weitere Fortsetzungen s. Qk. III.

[131]) Ausg.: MG SS XXV 1—129.

[132]) *Emonis et Menconis, Werumensium Chronica.* Ausg. (v. L. Weiland): MG SS XXIII 573—608. DW 6384. „Der Inhalt ist ungemein reichhaltig und um so wertvoller, je weniger uns aus diesem fernen Küstenlande bekannt ist" (Wattenbach II[6] 432). A. van den Hurk, Analecta Praemonstratensia 31 (1955) 36—62.

Von den *Landesgeschichten* weltlicher Territorien aus dieser Epoche seien hier einige wertvolle angeführt:

Im Nordwesten hat Giselbert, Propst von Mons († zwischen 1223 und 1225), Kanzler des Grafen Balduin V., mit seiner Hennegauischen Chronik *(Chronicon Hanoniense)*[133]) ein überaus wertvolles Werk geschrieben. Es umfaßt die Zeit von 1086—1195 und wird von 1168 an immer ausführlicher. Die Taten und die Familiengeschichte der Grafen von Hennegau stehen im Vordergrund, aber der in Staatsgeschäften und vielfach zu Gesandtschaften, u. a. an den Kaiser, verwendete Kanzler erzählt auch von diesen Beziehungen, so daß er nicht selten wichtige Nachrichten zur Reichsgeschichte (z. B. die Schilderung des großen Mainzer Festes von 1184) und zumal über staatsrechtliche Verhältnisse bietet. Selbstverständlich will er das Verhalten seiner Grafen rechtfertigen. Auch gibt er Aktenstücke und Reden im Wortlaut.

Im letzten Jahrzehnt des 12. Jahrhunderts hat die Chronik Sigeberts von Gembloux (s. S. 73) eine von 1145 an für die belgisch-lothringischen Gebiete wichtige, von 1192/3 ab bis 1201 gleichzeitige und für die Reichsgeschichte wertvolle und zuverlässige Fortsetzung gefunden, die *Continuatio Aquicinctina*[134]). Ihr bislang unbekannter Verfasser konnte nunmehr von K. F. Werner als der Mönch Andreas von Marchiennes identifiziert werden, der diese Fortsetzung für das Nachbarkloster Anchin (daher der Name) schrieb[135]).

Im Osten hatte bei zunehmender Annäherung an das Reich das von Friedrich I. zum Königreich erhobene *Böhmen* steigende Bedeutung gewonnen.

Hier hat die Chronik des Cosmas (s. S. 79) bis gegen das Ende des 12. Jahrhunderts mehrere Fortsetzer gefunden,

---

133) Ausg.: MG SS XXI 490—610 u. SS. rer. Germ. i. u. sch. 29, 1869; außerdem von L. Vanderkindere in Recueil des textes pour servir à l'étude de l'histoire de Belgique, Bruxelles 1904 (Neudruck Profondeville 1951). DW 6374. J. Geßler, Revue belge 27 (1949) 130—134, F. Vercauteren, MIÖG 62 (1954) 238—253.

134) Eine weitere Fortsetzung reicht bis 1237. Ausg.: MG SS VI 405—437, danach Migne PL 160. — P. Kath, Sigeberti Contin. Aquic. E. quellenkrit. Unters., Bulletin de la commission royale d'hist. de Belgique 83 (1914) 1 bis 222; R. Timm, Eine Unters. der Cont. Aquic., Diss. Erlangen 1913.

135) K. F. Werner. Andreas v. Marchiennes u. d. Geschichtsschreibung v. Anchin u. Marchiennes i. d. 2. Hälfte d. 12. Jahrhs. DA 9 (1952) 402—463.

zunächst von einem Domherrn in Wissehrad bis 1142 und einem Mönch in Sazawa bis 1162[136]).

Wichtiger hingegen ist die 1140 von dem Prager Domherrn Vincenz begonnene und bis 1167 geführte Chronik[137]), die eine Hauptquelle für Friedrichs I. Italienzug von 1158 ist. Sie wurde von dem ersten Abte des Prämonstratenserklosters zu Mühlhausen in Böhmen, Gerlach, fortgesetzt und ist bis 1198 erhalten.

Für die zweite Hälfte der staufischen Zeit fehlen eigentliche Lebensbeschreibungen sowohl für die Herrscher als auch für die großen Reichsbischöfe. Eine Biographie Friedrichs II. von dem Bischof Mainardino von Imola ist leider verloren[138]). Dichterische Verherrlichung hat Heinrich VI. in den in Vagantenstrophen gehaltenen *Gesta Heinrici VI.* gefunden, die wahrscheinlich von dessen Lehrer Gottfried von Viterbo verfaßt sind[139]). Heinrichs Kampf in Sizilien gegen Tankred behandelt Petrus von Eboli in seiner Dichtung *Liber ad honorem Augusti*[140]).

Einzig der Erzbischof von Köln, Engelbert I. der Heilige (1204—1225), der in den zwanziger Jahren als Reichsregent an des Kaisers Stelle waltete, hat eine Lebensbeschreibung gefunden, die *Vita, passio et miracula S. Engelberti archiepiscopi Coloniensis.* Geschrieben von Caesarius von Heisterbach trägt sie schon stark legendäre Züge, doch ist sie eine der spätesten Heiligenbiographien, die noch geschichtlichen Wert haben[141]).

---

136) Ausg.: MG SS IX; Übers.: Geschschr. 66; DW 6340.

137) Ausg.: MG SS XVII 658—710 u. Fontes rer. Bohem. II, 2; Übers.: Geschschr. 67; DW 6341.

138) S. F. Güterbock, NA 30 (1905) u. Baethgen, NA 38 (1913). Vgl. auch S. 101, Anm. 55.

139) Ausg. zus. mit d. Gesta Friderici SS. rer. Germ. i. u. sch. 30, 1872. Über Gottfried v. V. siehe S. 104.

140) Ausg. von G. B. Siragusa, 2 Bde. (der 2. Bd. enthält die vielen historisch interessanten Miniaturen der Hs.) 1906 (Fonti per la storia d'Italia, 39), dazu G. B. Siragusa, Bull. Ist. stor. Italiano 30 (1909).

141) Ausg. von F. Zschaeck in: Die Wundergeschichten des Caesarius von H. hrsg. v. Hilka III (Publikationen d. Ges. f. Rhein. Geschichtskunde, 43) 1937, S. 223—328. Übers. (Buch 1 u. 2 u. Inhalt v. Buch 3): Geschichtsschr. 100. Die Vita sollte zunächst Buch 4 u. 5 der libri VIII miraculorum bilden. DW 6370. Zu Engelbert: W. Holtzmann, Annalen d. Hist. Ver. f. d. Niederrhein 149/50 (1951) 233 ff.; Th. Rensing, Westfalen 33 (1955) 125 bis 143. A. Stelzmann, Jb. d. Köln. Geschichtsvereins 33 (1958) 179—199.

In ganz anderer Weise und in weit größerem Ausmaß als in der sächsischen und salischen Zeit werden unter den Staufern seit Friedrich I. die Geschicke Deutschlands mit den Zielen imperialer Politik verknüpft. Die Idee des *Imperiums* sollte auf alten und neuen Grundlagen als einheitliche, lebenskräftige Herrschaft zur Verwirklichung gelangen. Dazu gehörte vor allem die Wiedergewinnung königlicher und kaiserlicher Machtstellung in *Italien*. Eine solche Politik, zumal die Gewinnung des Normannenreichs, die *„unio Regni ad Imperium"* durch die Vermählung Heinrichs VI. mit Constanze, der Tochter Rogers II. von Sizilien 1184, mußte zu immer neuen diplomatischen und kriegerischen Konflikten mit der Kurie und den lombardischen Kommunen führen. Mit noch umfassenderen Plänen setzten Friedrichs Nachfolger diese Politik fort. Immer schärfer wurden die Zusammenstöße, bis nach einem Kampf und Krieg, zuletzt von mehr als einem Jahrzehnt, mit dem Tode Friedrichs II. die staufische Kaiserpolitik zusammenbrach. Der Verlauf dieser Kämpfe hat die Entwicklung in Deutschland auf das stärkste beeinflußt und langdauernde Nachwirkung hinterlassen. Diese Vorgänge — kriegerische und diplomatische — jenseits der Alpen entzogen sich, sofern nicht Augenzeugen selbst davon erzählen oder Berichte von Teilnehmern dem deutschen Geschichtsschreiber bekannt wurden, der Kenntnis der in Deutschland entstanden erzählenden Quellen. Dies ist in steigendem Maße seit Heinrich VI. und für die Zeiten Friedrichs II. der Fall. Daher werden auch italienische Quellen, erzählende, publizistische und urkundliche, in immer stärkerem Umfang für die Kenntnis und das Verständnis der Politik und Taten der deutschen Herrscher unentbehrlich.

Außer den schon früher (S. 103) genannten, in Italien entstandenen Quellen, in deren Mittelpunkt die Person der Herrscher steht, sind als wichtig für die italienische Geschichte der staufischen Epoche und die Beziehungen zu Deutschland unter der großen Zahl von kürzeren oder umfangreicheren annalistischen Aufzeichnungen zu nennen:

1. Aus Lodi die *Historia rerum Laudensium* von dem kaiserlichen Pfalzrichter Otto Morena von 1153—1160, von seinem Sohne Acerbus Morena bis 1164, dann — aber nicht mehr mit kaiserfreundlicher Gesinnung — von einem unbekannten Verfasser bis 1168 fortgesetzt[142]). Sie zeichnet sich durch treffende Charakterschilderung aus.

2. Aus Genua die *Annales Januenses*[143]), die ein angesehener Bürger, Caffaro (Cafarus, † 1166) für die Jahre 1099—1163 verfaßte, der auch in politischen Geschäften — so 1154 bei der Gesandtschaft an Friedrich I. — verwendet wurde. Dann wurden sie in amtlichem Auftrage von Obertus (bis 1173), dem Stadtschreiber Ottobonus (bis 1196) und anderen bis 1294 fortgesetzt. Sie spiegeln in ihrer Stellungnahme zu den Herrschern und ihren Kämpfen das Selbstbewußtsein und Unabhängigkeitsbestreben der stolzen Handelsstadt wider.

3. Aus *Mailand* die von einem unbekannten Mailänder Bürger mit dem Streben nach unbefangener und gerechter Würdigung geschriebene Schilderung von Friedrichs I. Kämpfen in der Lombardei 1154—1177: *Gesta Friderici I. in Lombardia*[144]).

4. Diese Gesta sind dann um 1230 von Johannes Codagnellus (Co d'agnello, caput Agni), der Notar und Kanzler in Piacenza war, in dem *Libellus tristitiae et doloris* einer für den deutschen Herrscher ungünstigen Umarbeitung unterworfen worden[145]).

5. Von demselben Verfasser Johannes Codagnellus sind ferner in guelfischem Sinne die bis 1235 reichenden *Annales Placentini (Guelfi)* geschrieben[146]), die wiederum, aber erst

---

[142]) Ausg.: De rebus Laudensibus in MG SS XVIII, 587—659. Neue vortreffliche Ausgabe v. F. Güterbock: *Ottonis Morenae et continuatorum historia Friderici I.* MG SS. rer. Germ. N. S. 7, 1930. Dazu Güterbock in NA 48 (1930), 49 (1932) und W. Lenel HZ 144 (1931) 339 f. I. Roethe, Zu einer neuen Morena-Hs. in: Corona Quernea. Festgabe f. K. Strecker (Schriften der MG, 6) 1941 (Neudruck 1952), S. 331—334.

[143]) Ausg.: MG SS XVIII, 11—356 u. in Fonti per la storia d'Italia 11—14 bis. 5 Bde. 1890—1929. Übers. (im Auszug): Geschichtsschr. 76 u. 77. DW 6403.

[144]) Sie waren von Giesebrecht als Ann. Mediolanenses maiores bezeichnet. Allein brauchbare Ausgabe unter dem im Text genannten Titel von O. Holder-Egger in MG SS. rer. Germ. i. u. sch. 27, 1892. DW 6401. Güterbock, NA 49 (1932).

[145]) Diese Umarbeitung hat Pertz irrig als das ursprüngliche Werk angesehen; Ausg. in MG SS XVIII, 392—399; s. Holder-Egger, NA 16 (1891).

[146]) Ausg. von Holder-Egger in MG SS. rer. Germ. i. u. sch. 23, 1901 (Ioh. Codagnelli annales Placentini). DW 6410.

6. nach 1250 unter Fortführung bis 1284 als *Annales Placentini Ghibellini* in kaiserlichem Sinne überarbeitet worden sind[147]) und für das Ende der Stauferzeit eine bedeutende Quelle darstellen.

7. Aus Pisa die für das 12. Jahrhundert wichtige, bis 1181 reichende Chronik des Bernardo Marago (auch Maragone)[148]) mit Fortsetzungen bis 1192.

8. Die bis 1178 führende Chronik des Erzbischofs (1153 bis 1181) Romuald von Salerno, die nicht nur für die Beziehungen zu Unteritalien, sondern auch für die Friedensverhandlungen von Venedig, an denen Romuald teilgenommen hat, wichtige Nachrichten bietet[149]).

Im 13. Jahrhundert, unter Friedrich II., treten die Beziehungen zu Deutschland naturgemäß in den italienischen Quellen immer mehr zurück, aber für die imperiale und italienische Politik unserer Kaiser sind sie um so wichtiger, je mehr diese Politik den deutschen Berichten fremd bleibt; hier seien genannt:

1. Die Chronik des Rolandin von Padua, Professors der Grammatik und Rhetorik († 1276), von 1188—1262[150]).

2. Der *liber de temporibus et aetatibus* von dem Notar Albertus Milioli aus Reggio geht bis 1285, Fortsetzung bis 1290, „ein roh gezimmertes Zeitbuch" (so Hampe-Baethgen[10], 107), ausführlicher von Heinrich VI. ab[151]).

3. Milioli hat zum guten Teil als Grundlage gedient für die glänzende, vielgefeierte, vor allem als Kulturbild jener Tage unübertroffene Chronik (1167—1287) des Minoriten Fra Salimbene de Adamo aus Parma (* 1221, † nach 1288), die erst im 19. Jahrhundert bekannt wurde: eines der köstlichsten

---

147) Ausg.: MG SS XVII, 457—481, nicht ganz genügend.

148) Ausg.: MG SS XIX 236—266 als Annales Pisani des Bernardus Marago; Muratori, Nuova ediz. VI, 2. DW 6404.

149) Ausg.: v. W. Arndt, MG SS XIX, 398—461; v. C. A. Garufi, Muratori, Nuova ediz. VII, 1. dazu C. Erdmann in NA 48 (1930) DW 6420. Die Relatio de pace Veneta (besser) v. U. Balzani in Bull. dell' Istituto stor. Italiano 10 (1891).

150) Ausg.: v. Jaffé MG SS XIX 38—147; in Muratori, Nuova ediz. VIII, 1. DW 6406.

151) Ausg.: MG SS XXXI von Holder-Egger, DW 6415; bei P. I, 784 als Memoriale potestatum Regensium (Reggio) 1154—1290 auctore anonymo. Cronica imperatorum — 1213 in MG SS XXXI.

und lebendigsten Geschichtswerke des Mittelalters[152]), das auch starke selbstbiographische Züge aufweist[153]).

4. Ein Ordensbruder Salimbenes war Thomas, der aus Pavia stammende Ordensprovinzial von Tuscien (daher Tuscus), der 1245 am Konzil in Lyon teilnahm. 1279, hochbetagt, hat er seine *Gesta imperatorum et pontificum* (bis 1278) geschrieben[154]).

Von unteritalischen Quellen ist die *Chronica Regni Siciliae* des königlichen Notars Richard v. S. Germano († 1243) zu nennen, die sich durch kaiserfreundliche Gesinnung und Unbefangenheit des Urteils auszeichnet[155]).

Für die Beziehungen und das Verhältnis zu Ostrom in der Zeit der Staufer ist von den byzantinischen Quellen vor allem das Geschichtswerk des Niketas Choniates (etwa 1150—1214) überaus wertvoll. Es behandelt die Zeit von 1118—1206, ist aber nicht nur für die Geschichte des zweiten und dritten Kreuzzuges wichtig, sondern auch von allgemeinerem Interesse[156]).

Der ganze Charakter der staufischen Politik brachte es mit sich, daß die *Beziehungen zu den Päpsten* und zur

---

152) Ausg.: *Cronica fratris Salimbene de Adam ord. Minorum* von Holder-Egger in MG SS XXXII 1905/13, mit Vorrede v. B. Schmeidler; Übers. von A. Doren in Geschschr. 93, 94; wichtig auch für die Strömungen innerhalb des Franziskanerordens. Dazu A. Dove, D. Doppelchronik von Reggio und die Quellen Salimbenes 1873 u. (von dems.) Erinnerungen eines Bettelmönchs in Ausgewählte Schriftchen 1898; s. auch A. Dove in HZ 111 (1913). DW 6416. E. Dupré-Theseider und A. Cerlini, Bull. dell' Ist. stor. Italiano 48 (1932); A. Boselli, ebda. 52 (1937); N. Scivoletto, Fra Salimbene di P. e la storia politica e religiosa del secolo XIII, Bari 1950 (Bibl. di cultura moderna, 479); M.-Th. Laureille, Etudes franciscaines, N. S. 1 (1950) 5—22 u. 313—328; C. Violante, Motivi e caratteri della Cronaca di Salimbene, Annali della Scuola Normale superiore di Pisa 22 (1953) 108—154. E. Chisi, Rapporti tra la Cronaca di S. e il Liber de temporibus, Atti Accad. scienze Torino, Cl. scienze mor. filol. e stor. 90 (1955/56) 443—461.

153) Geschrieben in Reggio, wo S. sich von 1279—1285 im Minoritenkonvent aufgehalten hat; etwa drei Fünftel des Werks sind erhalten.

154) Ausg.: MG SS XXII, 490—528.

155) Die ältere umfangreichere Redaktion für die Jahre 1208—1226 nunmehr hrsg. in Muratori, Nuova ediz. VII, 2, 1938, die jüngere (1189 bis 1243), herausgegeben in MG SS XIX u. SS. rer. Germ. i. u. sch. 53, 1864; DW 6420.

156) Ausg.: Nicetae Choniatae historia, ed. I. Bekker, 1835. Übers. von F. Grabler in: Byzantinische Geschichtsschreiber, Bd. 7—9. 1958.

kirchlichen und italienischen Politik der Kurie stets von besonderer Bedeutung gewesen sind.

Daher erhebt sich die Frage, wie man diese Beziehungen, die zwischen Frieden, verdeckten Konflikten und offenem Kampfe immer wieder wechseln, vom kurialen Standpunkte angesehen hat. Neben die Quellen für die kaiserliche Politik müssen also jene treten, die uns die Wege und Ziele der päpstlichen Politik aufzeigen können. Die Geschichtsschreibung an der Kurie selbst bleibt allerdings spärlich.

Wohl noch unter Hadrian IV. (1154—1159) wurde — ohne Kenntnis von Pandulfs Arbeit (s. S. 58) — die Fortsetzung des alten 891 abgebrochenen *Liber Pontificalis* von dem Kämmerer Boso[157]) (1165 Kardinaldiakon, später Kardinalpriester) wieder aufgenommen[158]). Wertvoll wird seine Arbeit, seit er von Eugen III. (1145—1153) ab aus eigener Kenntnis und Anschauung schreibt (so über die Zusammenkunft von Sutri (1155)[159]) und den Vertrag von Benevent (1156). Hauptsächlichster und gehaltvollster Teil ist aber die *Vita Alexandri III.* (1159—1181); freilich einseitig und stark parteilich, vor allem feindselig gegen die Römer, ist sie die beste Quelle für das Schisma. Sie bricht 1178 nach dem Frieden von Venedig und der Rückkehr Alexanders III. nach Rom ab.

Für Innozenz III. besitzen wir nur eine Darstellung, die die erste Hälfte seines Pontifikats umfaßt (bis 1208). Sie wurde vermutlich 1203 von einem unbekannten, aber dem Papst nahestehenden, den Deutschen feindseligen Geistlichen begonnen und mit weitgehender Benutzung der päpstlichen Register fortgesetzt bis 1208. Y. Lefèvre sieht sie als bloße Materialsammlung, deren Gestaltung unvollendet blieb, an. Deutsche Angelegen-

---

157) J. Geisthardt, Der Kämmerer Boso, 1936. Kämmerer ist der Verwalter der päpstlichen Finanzen und der Festungen im Kirchenstaat. B. wurde unter Alexander III. für wichtige politische und militärische Angelegenheiten verwendet (s. Geisthardt). Er war nicht Engländer.

158) Ausg. v. Duchesne, Le liber Pont. II 1892 (Neudruck 1955), siehe auch Bd. III, 1957. — Die älteren Teile sind natürlich kompilatorisch (bis 1085 wesentlich auf Bonizo's Liber ad amicum [s. S. 68] beruhend), von Leo IX. an im Liber Censuum des Cencius als Gesta pont. Rom. überliefert. — Boso bringt das Wormser Konkordat nach dem Original.

159) Für diese Zusammenkunft haben wir drei Berichte: bei Boso, bei Helmold u. (aus dem Register) bei Kardinal Albinus, Gesta pauperis scholastici: s. P. Fabre, Etudes sur le libre Censuum 1892.

heiten sind nur in geringem Maße und in nicht eben zutreffender Weise berührt[160]).

Von Wert soll die *Vita Innocentii IV.* (1243—1254) von Nicolaus de Carbio (Calvi dell'Umbria) sein[161]).

Bei dem Mangel an erzählenden Quellen sind wir also für die Erkenntnis der päpstlichen Politik erst recht auf die unmittelbaren und mittelbaren Kundgebungen ihrer politischen Betätigung angewiesen, die immer zahlreicher werdenden *Briefe und Urkunden* der Päpste selbst und die Zeugnisse über die Tätigkeit ihrer Legaten inner- und außerhalb des Imperiums.

Auf die *Regestenverzeichnisse* von Jaffé (bis 1198) und Potthast (von 1198 ab) und die Italia Pontificia und Germania Pontificia ist bereits hingewiesen (s. Qk. I[6], S. 87). Für die Epoche von 1198 ab findet man die Nachweise, soweit das Imperium in Frage kommt, auch in der Neubearbeitung der Böhmerschen Regesten (s. S. 84 u. Qk. I[6]).

Die *Register,* in denen an der Kurie die auslaufenden Schriftstücke, in Konzepten oder Abschriften, aufbewahrt wurden, sind für die Zeiten bis auf Innozenz III. leider verloren. Von der Regierungstätigkeit dieses Papstes, wohl des bedeutendsten aus dem Mittelalter, sind sechs Registerbände erhalten[162]). (Über die Frage, ob diese Registerbände die Originalregister sind, siehe unten.)

Darunter ist ein Band, der für die Reichsgeschichte unschätzbare Bedeutung besitzt, das sog. *Regestum Innocentii III. papae super negotio Romani Imperii*[163]) (abge-

160) *Gesta Innocentii III. papae.* Ausg.: *Migne,* PL 214; dazu H. Elkan, Die Gesta Innocentii III., 1876. Y. Lefèvre, Mélanges d'archéol. et d'histoire de l'Ecole Française de Rome 61 (1949) 242—243 (Resumé einer größeren Arbeit).

161) Ausg. v. F. Pagnotti in: Archivio della Societa Romana di Storia Patria 21 (1898). Ältere Ausz.: P II, 1389, P. Vogel, N. v. Calvi usw. (Münstersche Beiträge z. Geschichtsforschg., 72) 1939.

162) F. Kempf, S. J., Die Register Innocenz III. E. paläographisch-diplomatische Unters. Roma 1945 (Miscellanea historiae Pontificiae, 18). Eine vollständige Edition der Register wird vom Inst. f. österr. Geschichtsforschung unter Ltg. v. L. Santifaller vorbereitet, Studien u. Vorarbeiten hierzu siehe MIÖG 65 (1957) 237—368 u. Römische Histor. Mitteilgn. Heft 1 (1956/57) 77—105 u. Heft 2 (1957/58); H. Feigl, MIÖG 68 (1960) 114—127 und O. Hageneder, MIÖG 68 (1960) 128—140.

163) Ausg. von F. Kempf, Roma 1947 (Miscellanea hist. Pontif., 21); Schulausg. v. W. Holtzmann, Das Reg. Innocenz III. über d. dt. Thronstreit, 2 Hefte 1947/48. Facsimile-Ausg. mit Einl. v. W. Peitz: Codices e Vaticani selecti, 16. Roma 1927. Übers. in Auswahl v. G. Tangl, Geschichtsschr. 95.

kürzt: RNI.), eine Zusammenstellung der in allen wichtigen Fragen der Reichspolitik, zum Thronstreit[164]) und über die Rechts- und Territorialverhältnisse zwischen Kirche und Kaisertum für die Zeit von 1198 bis zum Oktober 1209 ergangenen Schriftstücke.

Ein ursprünglich die Fortsetzung von Ottos IV. Kaiserkrönung an bildender zweiter Band[165]) ist leider im 14. Jahrhundert (wohl in der avignonesischen Zeit) verlorengegangen. Es haben sich für diese Zeit eine Anzahl von Schriftstücken in Originalen oder Abschriften erhalten. Andererseits bietet auch der erhaltene Registerband mit seinen rund 200 Nummern keine absolute Vollständigkeit. Doch ist kein Zweifel, daß in dies im Jahre 1199 begonnene[166]) Spezialregister für die Politik Innocenz III. in bezug auf das Imperium und die deutschen Angelegenheiten in sorgfältiger Auswahl alle wichtigen Schriftstücke, die aus der päpstlichen Kanzlei hervorgegangen sind, auch aufgenommen wurden.

Man hat lange Zeit (so noch Leopold Delisle) das RNI als einen nachträglich (1209) aus den Originalregistern hergestellten Auszug angesehen. Doch hat Wilh. Peitz 1911 nachgewiesen[167]), daß es sich in dem erhaltenen Registerband nicht um eine solche Zusammenstellung von Abschriften handelt, sondern daß wir hier das damals planmäßig angelegte und geführte Originalregister vor uns haben, in das die auslaufenden Schriftstücke zur Reichspolitik Zug um Zug nach den Konzepten oder Reinschriften eingetragen worden sind. F. Kempf hat 1945 die gleichzeitige Führung des Hauptregisters und des RNI festgestellt[168]).

Neuerdings ist durch F. Bock die Originalität der Register Innocenz III. (einschl. des RNI) wieder in Frage gestellt worden[169]). Er meint, die Bände seien als sog. „Prachtbände" bzw. das RNI als eine Art „Weißbuch" für den „kanonischen Prozeß gegen Otto IV." in den Jahren 1212—1215 in einem Zug aus

---

164) F. Kempf, Papsttum u. Kaisertum bei Innocenz III. Die geist. u. rechtl. Grundlagen der Thronstreitpolitik. Roma 1954 (Miscellanea hist. Pontif., 19).

165) Das ergibt sich mit Sicherheit daraus, daß von da an, wie vorher, die Ausläufe der „Reichssachen" in den andern Registerbänden fehlen.

166) Siehe M. Tangl, Die Deliberatio Innocenz III., SB BA 1919.

167) Im Anhang zu seiner Unters. über d. Originalregister Gregors VII., SB WA 165, 1911; s. ferner DW 6482/6483; E. v. Strube, Innocenz III. polit. Korresp. usw. Diss. Berlin 1936.

168) Siehe S. 126, Anm. 162.

169) F. Bock, Studien zu d. Originalregistern Innocenz III., Archival. Zs. 50/51 (1955) 329—364.

Konzepten hergestellt worden. Demgegenüber hält F. Kempf[170]), unterstützt von W. Holtzmann[171]), an der sukzessiven Führung der Register in der Kanzlei auf Grund seiner eingehenden paläographischen Untersuchung fest. Bock hat seine Ansicht neuerdings dahingehend erweitert[172]), daß das Register Gregors VII. ebenfalls kein Kanzleiregister sei und als Vorbild für die Innocenzregister gedient habe.

Dazu kommen ferner die uns erhaltenen *Briefe* der Päpste, die während der staufischen Zeit auf dem Stuhle Petri gesessen haben.

Sie sind in erster Linie in der großen Sammlung von J. P. Migne, Patrologiae cursus completus (s. P I, S. XCIII ff.), Abt. Patrologiae Latinae gedruckt, bis auf Innozenz III.:

Die Briefe von:

Honorius II.:	Migne, PL Bd. 166	Hadrian IV.:	Migne, PL Bd. 188
Innozenz II.:	„ „ „ 179	Alexander III.:	„ „ „ 200
Anaclet II.:	„ „ „ 179	Lucius III.:	„ „ „ 201
Coelestin II.:	„ „ „ 179	Urban III.:	„ „ „ 202
Lucius II.:	„ „ „ 179	Gregor VIII.:	„ „ „ 202
Eugen III.:	„ „ „ 180	Clemens III.:	„ „ „ 204
Anastasius IV.:	„ „ „ 188	Coelestin III.:	„ „ „ 206

Die Zahl dieser Briefe ist bei den einzelnen Päpsten natürlich sehr verschieden; zum Teil ist sie sehr erheblich[173]), so bei Innozenz II. (etwa 600), Eugen III. (gleichfalls etwa 600) und Alexander III. (mehr als 1500).

Die *Briefe* Innozenz' III. waren in 19 Büchern (libri) gesammelt; davon sind die Bücher 4 und 17—19 verloren. Die Ausg. DW 6482.

Über weitere Ausgaben und andere nicht bei Migne gedruckte Briefe s. Potthast, Bibl. hist. I u. II unter dem Namen der betr. Päpste; dazu die Angaben bei Böhmer, RI V, Einleitung.

Die für die deutsche Geschichte in Betracht kommenden *Briefe* der Päpste des 13. Jahrhunderts *von* Honorius III. (1216 bis 1227) *bis auf* Clemens IV. (bis 1268) hatte schon Pertz nach und nach für die Ausgabe in den MG sammeln lassen. Sie sind hier in der Abteilung Epistolae als

---

170) F. Kempf, Zu d. Originalregistern Innocenz III., Quellen u. Forschgn. aus ital. Arch. u. Bibl. 36 (1956) 86—135.

171) In seiner Stellungnahme zu Anm. 169, DA 12 (1956) 231—233.

172) Studi Gregoriani 5 (1956) 243—279. Siehe auch S. 59.

173) Nur ein Teil dieser Briefe hat unmittelbar für die deutsche Geschichte Bedeutung.

Epistolae saeculi XIII. e regestis Pontificum Romanorum selectae herausgegeben von C. Rodenberg, 3 Bde., 1883—1894 (s. Qk. I^6, S. 79, DW 6485).

Außer den *Regesten der Päpste* von Potthast (s. Qk. I^6, S. 87) sind herausgegeben die päpstlichen *Register:*

Regesta Honorii III v. Pressutti (1216—1227) 2 Bde., 1888 bis 1895. DW 6486[174]).

Les régistres de Grégoire IX (1227—1241) p. p. L. Auvray 4 Bde. (mit Register) 1896—1955. DW 6487.

Les régistres d'Innocent IV (1243—1254) p. p. E. Berger 1881—1921, DW 6488.

An den letzten großen Kampf Friedrichs II. mit der Kurie seit der zweiten Hälfte der dreißiger Jahre hat sich eine lebhafte *Publizistik* angeschlossen, die in den Tagen des Konzils von Lyon (1245)[175]) ihren Höhepunkt erreicht. Sie ist für die deutsche Geschichte natürlich insofern von Belang, als hier die großen grundsätzlichen und Machtfragen, die zwischen Imperium und Sacerdotium stehen, umstritten werden.

Am Beginn stehen Friedrichs Rundschreiben an die Könige Europas (RI V 2160) im Juli und Gregors IX. Brief an Friedrich II. im Oktober 1236 (RI V 7154), der sein politisches Programm enthält. Als Antwort auf die Exkommunikation (20. März 1239, Doeberl, V 114 f.) folgt Friedrichs Manifest an alle Fürsten vom 20. April (RI V 2431), das Rechtfertigungsschreiben Gregors vom 21. Mai (RI V 7245) und Friedrichs Erwiderung (RI V 2454, 2455). Auch Flugschriften und Pamphlete erscheinen jetzt und weiterhin. Doch haben sie den Fortgang und Ausgang dieses politischen Entscheidungskampfes wenig beeinflußt. Sie mehren sich in den Tagen des Konzils von Lyon (1245), zumal als Innozenz IV. (1243—1254) den gebannten Kaiser absetzt (17. Juli 1245, MG Const. II 508 ff. u. Epp. s. XIII, Bd. II 88ff.). Nun wendet sich Friedrich in Kundgebungen nicht nur an die deutschen Fürsten, sondern auch an die Herrscher Frankreichs und Englands und ihre Untertanen (so RI V 3495, 3499, 3510 ff., 3541). Innozenz bleibt (Frühjahr 1246, RI V 7584) die Antwort nicht schuldig und Friedrich erwidert (RI V 3559, 3590). Der publizistische Kampf geht fort bis zum Tode des

---

174) F. Bock, Originale u. Registereinträge z. Z. Honorius III., Bullettino dell' Archivio Paleografico Italiano N. S. 2 (1956/57) 101—116.

175) Für d. Konzil v. Lyon: (Quellen-)Hinweis bei Hampe-Baethgen [10]310.

Kaisers (letzte Kundgebung Friedrichs vom Mai 1250, RI V 3819)[176]).

Ausländische Quellen. In weit stärkerem Maße als in früheren Zeiten berühren sich geschichtlich wichtige Vorgänge auf deutschem Boden mit der bedeutsamen Entwicklung in den Nachbarländern außerhalb des Imperiums in Ost, Nord und West[177]).

Das gilt in erster Linie für die Grenzlande, die im Norden durch die Machtentfaltung Dänemarks nach dem Sturze Heinrichs des Löwen, im Westen durch die Interessenverflechtung mit den englisch-französischen Konflikten in Mitleidenschaft gezogen werden: die Schlacht von Bouvines 1214 hat auch über das Königtum Ottos IV. entschieden. Schon vorher sind Kaiser Friedrich I. und seine Ritter mit den Herrschern Englands und Frankreichs ins Heilige Land gezogen[178]). So berichten die erzählenden Geschichtsquellen unserer Nachbarn vielfach auch von den Taten der Deutschen. Aber darüber hinaus haben die staufischen Herrscher als Gebieter des Imperiums, die Konflikte, die sie durchkämpft haben, mit Heinrich dem Löwen wie vor allem mit den lombardischen Städten und mit den Nachfolgern Petri die Aufmerksamkeit, das Interesse und die Parteinahme der Herrscher sowie auch der Geschichtsschreiber erweckt[179]). Verwandtschaftliche Beziehungen, wie sie Heinrich den Löwen mit den englischen Herrschern verbanden, Schicksale, wie die Gefangenschaft des Richard Löwenherz auf deutschem Boden kommen dazu. Freilich, es sind zumeist nur vereinzelte Nachrichten, und nicht immer über wichtige Vorgänge, die von den ausländischen Verfassern aufgezeichnet sind. Außerdem ist die Kunde, die ihnen zugetragen wird, manchmal erst in gewissem Zeitabstand, oft inhaltlich wenig glaubwürdig. Indes ist es unausweichlich, gerade weil die deutschen erzählenden Quellen dieser Periode für die wichtigsten Vorgänge vielfach so unzulänglich sind, auch

---

176) Fr. Graefe, Die Publizistik in der letzten Epoche Kaiser Friedrichs II. 1909. O. Vehse, D. amtliche Propaganda in der Staatskunst Kaiser Friedrichs II. 1929. Hier ist ein großer Teil der Kundgebungen dem Inhalt oder dem Wortlaut nach wiedergegeben. S. auch A. Folz, Kaiser Friedrich II. und Papst Innocenz IV. 1244/45. 1905 und E. Kantorowicz, Kaiser Friedrich II. 2 Bände 1927, 1931. Ferner H. Wieruszowski, Vom Imperium zum nationalen Königtum (Beiheft 30 der HZ) 1933.

177) Für Byzanz siehe S. 124.

178) Die Quellen zur Geschichte der Kreuzzüge sind in dieser Quellenkunde nicht berücksichtigt.

179) Fr. Böhm, D. Bild Friedr. Barbarossas u. s. Kaisertums in den ausländ. Quellen s. Z. (Eberings Hist. Stud.) 1936.

alle ausländischen Notizen über geschichtliche Ereignisse in Deutschland heranzuziehen.

Deshalb sind die auf Deutschland bezüglichen Teile der ausländischen Quellen für die staufische Zeit auch in die Scriptores der Monumenta Germaniae aufgenommen, so

die *französischen Geschichtsschreiber* in Bd. XXVI,

die *englischen Geschichtsschreiber in Bd. XXVII u. XXVIII,*

die *skandinavischen, polnischen und ungarischen Geschichtsschreiber* in Bd. XXIX[180]).

Unter den englischen Quellen ist die größere Chronik des Matthaeus Paris (geb. um 1195, seit 1217 Mönch in St. Albans, † 1259) wohl eine der wichtigsten[181]).

Er hat die *Flores historiarum* (1189—1235) des Roger de Wendover[182]) (bis 1217 ebenfalls Mönch in St. Albans, dann Prior von Bealvair, † 1236) überarbeitet und fortgesetzt (bis 1259). Seine umfang- und inhaltreiche, doch nur mit Kritik zu benutzende Darstellung berichtet auch ausführlich von den Kämpfen zwischen Kaisertum und Papsttum und gibt ein lebendiges Kulturbild seiner Zeit. Besonders reiche und wichtige Nachrichten gibt er über die letzten Kämpfe der Staufer.

Zu den bedeutendsten und folgenreichsten Ereignissen der staufischen Zeit gehört die Gewinnung der Gebiete östlich der Elbe über die Oder hinaus, bis an die Ostsee und tief nach Schlesien hinein: die Kolonisierung des Ostens.

Teils mit dem Schwert, teils durch Verträge und friedliche Durchdringung wurden diese bis dahin dem Slaventum gehörigen Lande für den deutschen Machtbereich und das deutsche Volkstum gewonnen. Christianisierung und Besiedlung durch deutsche Ritter, Bürger und Bauern, Burgenbau, Kloster- und Städtegründungen machen im Laufe des 12. und in der ersten Hälfte des 13. Jahrhunderts die neugewonnenen Gebiete zu wahrhaft deutschem Besitz.

---

180) Die wichtigsten französischen und englischen für die deutsche Geschichte in Betracht kommenden Werke sind bei DW⁹ 6421 u. 6423 aufgeführt.

181) *Cronica maior,* Ausg. von H. Luard, SS. rer. Britannicarum 57, 7 Bde. 1872—1884. Auszüge: MG SS XXVIII 107—483; teilweise übers.: Geschschr. 73. R. Vaughan, Matthew Paris (Cambridge Studies in medieval life and thought, N. S. 6) London 1958.

182) Rogeri de Wendover Flores historiarum, hrsg. v. H. G. Howlett, SS. rer. Brit. 84, 3 Bde. 1886—1889. V. H. Galbraith, Roger W. and Matthew Paris. Glasgow 1944.

Die erzählenden Quellen, hierfür besonders für die nördlichen Gebiete in Holstein und Mecklenburg, sind vor allem Helmold und Arnold von Lübeck (s. S. 108 f.). Dazu tritt für den Osten noch das etwa in den Jahren 1225—1227 geschriebene *Chronicon Livoniae* des Landpfarrers Heinrich[183]), der dem Bischof Albert von Riga nahestand. Das Werk ist eine wertvolle Quelle über die Jahre 1184—1227, besonders für die Mission und die deutsche Siedlung in Livland, ferner auch für die ersten Anfänge deutscher Kreuzfahrerstaaten. Aber einen richtigen Einblick in das Wesen dieses großen schöpferischen Kolonisationswerks: die Verteilung von Grund und Boden, die Kulturarbeit, die Gründung von Dörfern und Städten, die rechtlichen und wirtschaftlichen Ordnungen, die soziale Gestaltung, entwickeln uns erst die urkundlichen Zeugnisse[184]).

Die ersten Ansätze einer *schriftlichen,* für das ganze Reich oder doch einzelne Teile gültigen, auf Reichstagen beschlossenen *Gesetzgebung* sind wohl die Landfriedensordnungen am Ende der Regierung Heinrichs IV. Sie hat unter den folgenden Herrschern, auch noch unter dem ersten Staufer kaum eine Fortbildung erfahren. Aber schon das erste Jahr Friedrichs I. bringt ein *Reichslandfriedensgesetz,* nach Mitteis wohl das erste wirkliche Reichsgesetz[185]). Ihm folgt für Italien der große *Landfriede auf den Ronkalischen Feldern* 1158. Mehr als ein halbes Jahrhundert waren Landfriedensgesetze nicht nötig[186]). Erst in den Tagen Friedrichs II. wird von seinem Sohn Heinrich (VII.), dem Regenten der *Würzburger Reichslandfriede* und 1235 dann das große *Landfriedensgesetz* auf dem Reichstag in *Mainz* erlassen.

---

183) Heinrici Chronicon Livoniae, ed. W. Arndt, 1874; 2. Aufl. bearb. v. L. Arbusow u. A. Bauer, MG SS rer. Germ. i. u. sch. 31 1955. Nach dieser Ausg. mit Übers. v. A. Bauer (Ausgew. Qu. z. Gesch. d. MA., Bd. 24), 1959 mit Lit.

184) Aus dem in den lokalen und territorialen Urkundenbüchern verstreuten reichen Material hat R. Kötzschke eine handliche Sammlung geboten: Quellen zur Geschichte der ostdeutschen Kolonisation im 12.—14. Jahrhundert (1912, 2. A. 1931). Dazu: R. Kötzschke, Grundzüge der deutschen Wirtschaftsgeschichte, 2. A. 1921 u. R. Kötzschke u. W. Ebert, Geschichte der deutschen Ostkolonisation 1937.

185) H. Mitteis, ZSSRG Germ. Abt. 62 (1942).

186) Die Landfrieden von 1179 (für Rheinfranken) und von 1186 (gegen Brandstifter) sind von geringerer Bedeutung.

Seit Zeumer (ZSSRG Germ. Abt. 23, 1902) galt die Ansicht, daß dieses bedeutsame Gesetz in deutscher Sprache verfaßt und dann ins Lateinische übertragen sei. Es enthält neben strafrechtlichen Bestimmungen die Schaffung eines Reichshofrichters, Vorschriften über Geleit- und Befestigungsrecht, über geistliche Gerichtsbarkeit und Vogteirechte, über Verpfändung und das Verbot der Aufnahme von Pfalbürgern in den Städten. Zeumer hatte aus verschiedenen Fassungen einen deutschen Grundtext hergestellt (in seiner Quellensammlung [s. Qk. I^6 S. 6], 2. Aufl. nr. 58, auch in MG LL sect. IV. Const. III nr. 279). Inzwischen hat H. v. Voltelini dargetan, daß der Entwurf lateinisch gefaßt war und im großen und ganzen in dem erhaltenen lateinischen Texte vorliege[187]). Steinacker hat dann die Ansicht begründet, daß beiden Fassungen ein lateinischer Text zugrunde lag, der der erhaltenen lateinischen Fassung näher stand als der deutschen, mit starker Benutzung eines Landfriedens Heinrichs (VII.) von 1234[188]).

Dazu kommt eine neue Form reichsgesetzlicher Ordnungen auf in den *Reichsweistümern (sententiae):* auf Klagen oder Anfragen in Rechtsangelegenheiten von Fürsten werden nach Anhörung und Entscheidung von sachverständigen Urteilen zum Teil unter Zustimmung der Reichs- oder Hoftage von den Herrschern grundsätzliche Rechtsentscheidungen über wichtige Gegenstände des Land- und Lehnrechts entschieden.

Schließlich enthalten auch Urkunden wichtige Bestimmungen reichsgesetzlicher Art[189]): wie die berühmte *Goldbulle von Eger* vom 12. Juli 1213, die den von Otto IV. in Speyer 1209 dem Papste gemachten Versprechungen durch Zustimmung der Fürsten reichsgesetzliche Gültigkeit verlieh; dann 1216 das *Versprechen* Friedrichs II. über die Trennung Siziliens vom Imperium; die *Confoederatio cum principibus ecclesiasticis* von 1220 und das auf dem Reichstage zu Worms 1231 erlassene, auf dem Hoftage 1232 von Friedrich II. in Cividale mit einigen im Interesse der Krone

---

187) Zs. d. Hist. Ver. f. Steiermark 26 (1931).

188) MIÖG 46 (1932). Beide Texte auch bei Altmann-Bernheim, 4. A. Ausführl. Interpretation von H. Mitteis, ZSSRG Germ. Abt. 62 (1942) 13—56. Siehe auch Anm. 190.

189) Alle diese Gesetze in MG LL, sect. IV, Const. II; z. T. auch bei Altmann-Bernheim, bei Zeumer u. bei Döberl V.

geschaffenen Änderungen bestätigte *Statutum in favorem principum*[190]).

Rechtsbücher. In den Tagen Friedrichs II. entsteht dann auch das erste große deutsche Rechtsbuch, der sog.

Sachsenspiegel des Eike von Repgow[191]).

Eike, ein schöffenbar freier Mann aus Repgow (Reppichau) im Anhaltischen, wollte das von den Vorfahren ererbte Recht aufzeichnen. Es soll allgemein sächsisches Recht sein, ist aber vielfach nur ostfälisches Recht. In zwei Büchern ist das Landrecht und das Lehnrecht dargestellt. Dienstrecht, Hofrecht und Stadtrechte sind ausgeschlossen. Eike benutzt auch staufische Reichsgesetze. Er gibt nicht nur überliefertes Recht, sondern er formuliert auch selbst neue Rechtssätze[192]).

Da das Werk sehr rasch großes Ansehen gewann und von den sächsischen Gerichten als Gesetzbuch angewendet wurde, so gewannen auch Eikes eigene Schöpfungen damit Gesetzesbedeutung. Im 14. Jahrhundert hat der Sachsenspiegel als Werk kaiserlicher Gesetzgebung gegolten: das Landrecht sollte von Karl dem Großen, das Lehnrecht von Friedrich I. herrühren. Eike hat seine große Schöpfung zuerst in lateinischer Sprache geschrieben und dann auf Veranlassung des Stiftvogts von Quedlinburg, Graf Hoyer von Mansfeld, ins Deutsche, vermutlich ins Niederdeutsche, übersetzt. Das Werk wurde dann nicht nur in verschiedene deutsche Mundarten, sondern auch ins Polnische und weiter ins Lateinische übertragen. Schon am Ende des 13. Jahrhunderts ist es mit Illustrationen versehen, im 14. Jahrhundert auch glossiert worden.

---

190) Hierzu nunmehr E. Klingelhöfer, Die Reichsgesetze von 1220, 1231/32 u. 1235. Ihr Werden u. ihre Wirkung im dt. Staat Friedrichs II. (Quellen u. Studien z. Verfassungsgesch. d. Dt. Reiches in MA u. Neuzeit, Bd. 8, Heft 2.) 1955; H. Koller, Zur Diskussion über d. Reichsgesetze Friedr. II. MIÖG 66 (1958) 29—51. Zum Statutum in fav. princ.: B. Schwineköper, Archival. Zs. 49 (1954) 73—88; zu den ital. Reichsgesetzen: G. de Vergottini, Studi sulla legislazione imperiale di Fed. II in Italia. 1952.

191) Ausg. v. K. A. Eckardt, MG LL Fontes iuris Germanici antiqui, nova series, Bd. 1: Sachsenspiegel. 2. neubearb. Aufl., Teil 1: Landrecht. 1955. Teil 2: Lehnrecht. 1956. DW 6973.

192) Als Entstehungszeit galt bis vor kurzem die Spanne 1230—1235. Voltelini wollte das Jahrzehnt 1215—1225 annehmen. Eckhardt setzt die Entstehung der ersten deutschen Fassung in die Jahre 1221—1224, Rechtsbücherstudien 2, 1931 und verfolgt die Textgeschichte bis 1270, Rechtsbücherstudien 3, 1933.

Um die Mitte des 13. Jahrhunderts versuchte dann, vermutlich zu Augsburg, ein unbekannter Verfasser, Eikes Sachsenspiegel als allgemeines deutsches Recht umzuarbeiten. In diesem *Spiegel deutscher Leute*[193]) ist aber nur ein Teil des Landrechts überarbeitet, der Rest und das Lehnrecht sind nur ins Oberdeutsche übertragen. Dieser Spiegel deutscher Leute wurde bald durch das *Kaiserliche Land- und Lehnrecht* verdrängt, das seit dem 17. Jahrhundert zu Unrecht „*Schwabenspiegel*" genannt wurde. Hier ist von einem Geistlichen der ganze Sachsenspiegel zu deutschem Rechte umgearbeitet[194]). Er ist zwischen 1260 und 1275 im Fränkischen oder in Augsburg entstanden, hat auch weite Verbreitung und großes Ansehen gefunden und ist ins Lateinische, Französische und Tschechische übersetzt worden[195]).

Neben diese Rechtsbücher traten dann in der Stauferzeit noch Aufzeichnungen der Rechtsverhältnisse für besondere Klassen der Bevölkerung: so die *Dienstrechte* für die Ministerialen und die *Hofrechte* für die Grundholden.

Im 12. Jahrhundert, als die Ministerialen den geistigen Stiftern über den Kopf zu wachsen drohten, suchte man mancherorts ihre Rechte durch Urkundenfälschungen festzulegen. So ist 1150 die constitutio de expeditione Romana entstanden, die von Karl dem Großen sein will. — Eine hofrechtliche Ordnung hatte schon um 1025 B. Burchard von Worms (s. auch S. 20) erlassen, um sich gegen Vögte und Ministeriale zu schützen. Die Mehrzahl der schriftlichen Hofrechte geht auf Weistümer (s. Qk. I^6, S. 21) zurück.

Stadtrechte. Mit der wirtschaftlichen und politischen Entwicklung der Städte, den vielen Neugründungen, ihrer Selbstverwaltung mit schriftlichem Niederschlag gewinnen

---

193) Ausg.: v. J. Ficker 1859; v. K. A. Eckhardt u. A. Hübner in MG LL Fontes iuris Germ. ant., n. s. Bd. 3: Deutschenspiegel u. Augsburger Sachsenspiegel. 2. Ausg. 1933. DW 8162.

194) Ausg.: von v. Laßberg 1840 u. von v. Daniels in: Rechtsdenkmäler des deutschen Mittelalters, ferner v. K. A. Eckhardt u. A. Hübner siehe Anm. 193). DW 8163. Ausgabe der lateinischen Fassung von E. Klebel für die MG in Vorbereitung. E. Klebel, Zu den Quellen des Schwabenspiegels, in: Festschrift K. G. Hugelmann, 1959, Bd. I, 273—293.

195) Dazu kommen besondere Umarbeitungen in einzelnen deutschen Landschaften.

die verschiedenen Aufzeichnungen des städtischen Lebens in Recht, Verwaltung und Wirtschaft besondere Bedeutung.

Zu den Privilegien, die sich die Städte von den Kaisern und den Stadtherren erringen, treten die städtischen Willküren, Ratsverordnungen, Schöffensatzungen und Beordnungen, d. h. Rechtsmitteilungen an andere darum nachsuchende Städte.

Die Tätigkeit der verschiedenen städtischen Behörden haben ihren Niederschlag in den verschiedenen Kategorien von Aufzeichnungen gefunden, die man in ihrer Gesamtheit als *Stadtbücher* bezeichnet. Sie beginnen wohl schon in der staufischen Zeit, erfahren aber ihre eigentliche Entwicklung in der folgenden Periode (s. Qk. III).

Die besonderen Quellen für die Kenntnis der geistigen und kulturellen Entwicklung fließen für die staufische Zeit, vornehmlich seit dem Ausgang des 12. Jahrhunderts, ungleich reicher als für die vorhergehenden Epochen. Als Geschichtsquellen im engeren Sinne, als Zeugnisse für geschichtlich wichtige Vorgänge im Staats- und Volksleben werden sie vielfach ergänzend heranzuziehen sein.

Dies gilt neben den Werken der Dichtung vor allem für die Schöpfungen der Kunst, die sich aus jenen Zeiten erhalten haben. Es sind vor allem Kirchen- und Klosterbauten mit ornamentalem und figürlichem Schmuck im Innern und an den Außenwänden. Dazu kommen nun auch manche Teile von Profanbauten (z. B. Gelnhausen), besonders in einigen norddeutschen Städten, wie in Braunschweig, Goslar und Lübeck[196]).

[196]) Siehe G. Dehio, Handbuch der deutschen Kunstdenkmäler, neubearb. v. E. Gall, bisher 9 Bde. u. 1 Sonderbd.: Deutschordensland Preußen. 1949 ff., dazu G. Dehio, Handb. d. Kunstdenkmäler Österreichs. Neue Bearb., bisher 5 Bde. DW⁹ 3823; O. Doering, Deutschlands mittelalterliche Kunstdenkmäler als Geschichtsquelle. 1910; DW 3824, und G. Dehio, Geschichte der deutschen Kunst I, 4. A. 1930.

Sachverzeichnis

GESAMTVERZEICHNIS

der

SAMMLUNG GÖSCHEN

Jeder Band DM 3,60 · Doppelband DM 5,80

Stand Sommer 1961

WALTER DE GRUYTER & CO., BERLIN W 30

Inhaltsübersicht

Geisteswissenschaften

Philosophie

Einführung in die Philosophie von *H. Leisegang* †. 4. Auflage. 145 Seiten. 1960. (281)

Hauptprobleme der Philosophie von *G. Simmel* †. 7., unveränderte Auflage. 177 Seiten. 1950. (500)

Geschichte der Philosophie

I: Die griechische Philosophie von *W. Capelle*. 1. Teil. Von Thales bis Leukippos. 2., erweiterte Auflage. 135 Seiten. 1953. (857)

II: Die griechische Philosophie von *W. Capelle*. 2. Teil. Von der Sophistik bis zum Tode Platons. 2., stark erweiterte Auflage. 144 Seiten. 1953. (858)

III: Die griechische Philosophie von *W. Capelle*. 3. Teil. Vom Tode Platons bis zur Alten Stoa. 2., stark erweiterte Auflage. 132 Seiten. 1954. (859)

IV: Die griechische Philosophie von *W. Capelle*. 4. Teil. Von der Alten Stoa bis zum Eklektizismus im 1. Jh. v. Chr. 2., stark erweiterte Auflage. 132 Seiten. 1954. (863)

V: Die Philosophie des Mittelalters von *J. Koch*. In Vorbereitung. (826)

VI: Von der Renaissance bis Kant von *K. Schilling*. 234 Seiten. 1954. (394/394 a)

VII: Immanuel Kant von *G. Lehmann*. In Vorbereitung. (536)

VIII: Die Philosophie des 19. Jahrhunderts von *G. Lehmann*. 1. Teil. 151 Seiten. 1953. (571)

IX: Die Philosophie des 19. Jahrhunderts von *G. Lehmann*. 2. Teil. 168 Seiten. 1953. (709)

X: Die Philosophie im ersten Drittel des 20. Jahrhunderts 1. Teil von G. *Lehmann*. 128 Seiten. 1957. (845)

XI: Die Philosophie im ersten Drittel des 20. Jahrhunderts 2. Teil von *G. Lehmann*. 114 Seiten. 1960. (850)

Die geistige Situation der Zeit (1931) von *K. Jaspers*. 5., unveränderter Abdruck der im Sommer 1932 bearbeiteten 5. Auflage. 211 Seiten. 1960. (1000)

Erkenntnistheorie von *G. Kropp*.

I. Teil: Allgemeine Grundlegung. 143 Seiten. 1950. (807)

Formale Logik von *P. Lorenzen*. 165 Seiten. 1958. (1176/1176 a)

Philosophisches Wörterbuch von *M. Apel* †. 5., völlig neubearbeitete Auflage von *P. Ludz*. 315 Seiten. 1958. (1031/1031 a)

Philosophische Anthropologie. Menschliche Selbstdeutung in Geschichte und Gegenwart von *M. Landmann*. 266 Seiten. 1955. (156/156 a)

Pädagogik, Psychologie, Soziologie

Geschichte der Pädagogik von *Herm. Weimer*. 14., neubearbeitete und vermehrte Auflage von *Heinz Weimer*. 181 Seiten. 1960. (145)

Therapeutische Psychologie. Ihr Weg durch die Psychoanalyse von *W. M. Kranefeldt*. Mit einer Einführung von *C. G. Jung*. 3. Auflage. 152 Seiten. 1956. (1034)

Allgemeine Psychologie von *Th. Erismann.* 3 Bände. 2., neubearbeitete Auflage.
I: Grundprobleme. 146 Seiten. 1958. (831)
II: Grundarten des physischen Geschehens. 248 Seiten. 1959. (832/832 a)
III: Psychologie der Persönlichkeit. 22 Abbildungen. In Vorbereitung. (833/833a)

Soziologie. Geschichte und Hauptprobleme von *L. von Wiese.* 6. Auflage. 175 Seiten. 1960. (101)

Sozialpsychologie von *P. R. Hofstätter.* 181 Seiten, 15 Abbildungen, 22 Tabellen. 1956. (104/104 a)

Psychologie des Berufs- und Wirtschaftslebens von *W. Moede †.* 190 Seiten, 48 Abbildungen. 1958. (851/851 a)

Industrie- und Betriebssoziologie von *R. Dahrendorf.* 2. Auflage. 120 Seiten. In Vorbereitung. (103)

Religion

Jesus von *M. Dibelius †.* 3. Auflage, mit einem Nachtrag von *W. G. Kümmel.* 140 Seiten. 1960. (1130)

Paulus von *M. Dibelius †.* Nach dem Tode des Verfassers herausgegeben und zu Ende geführt von *W. G. Kümmel.* 2., durchgesehene Auflage. 155 Seiten. 1956. (1160)

Luther von *F. Lau.* 151 Seiten. 1959. (1187)

Melanchthon von *R. Stupperich.* 139 Seiten. 1960. (1190)

Einführung in die Konfessionskunde der orthodoxen Kirchen von *K. Onasch.* 1961. In Vorbereitung. (1197/1197 a)

Geschichte des christlichen Gottesdienstes von *W. Nagel.* 1961. In Vorbereitung. (1202)

Geschichte Israels. Von den Anfängen bis zur Zerstörung des Tempels (70 n. Chr.) von *E. L. Ehrlich.* 158 Seiten, 1 Tafel. 1958. (231/231 a)

Römische Religionsgeschichte von *F. Altheim.* 2 Bände. 2., umgearbeitete Auflage.
I: Grundlagen und Grundbegriffe. 116 Seiten. 1956. (1035)
II: Der geschichtliche Ablauf. 164 Seiten. 1956. (1052)

Musik

Musikästhetik von *H. J. Moser.* 180 Seiten. Mit zahlreichen Notenbeispielen. 1953. (344)

Systematische Modulation von *R. Hernried.* 2. Auflage. 136 Seiten. Mit zahlreichen Notenbeispielen. 1950. (1094)

Der polyphone Satz von *E. Pepping.* 2 Bände.
I: Der cantus-firmus-Satz. 2. Auflage. 223 Seiten. Mit zahlreichen Notenbeispielen. 1950. (1148)
II: Übungen im doppelten Kontrapunkt und im Kanon. 137 Seiten. Mit zahlreichen Notenbeispielen. 1957. (1164/1164 a)

Allgemeine Musiklehre von *H. J. Moser.* 2., durchgesehene Auflage. 155 Seiten. Mit zahlreichen Notenbeispielen. 1955. (220/220 a)

Harmonielehre von *H. J. Moser.* 2 Bände.
I: 109 Seiten. Mit 120 Notenbeispielen. 1954. (809)

Die Musik des 19. Jahrhunderts von *W. Oehlmann.* 180 Seiten. 1953. (170)

Die Musik des 20. Jahrhunderts von *W. Oehlmann.* 312 Seiten. 1961. (171/171 a)

Technik der deutschen Gesangskunst von *H. J. Moser.* 3., durchgesehene und verbesserte Auflage. 144 Seiten, 5 Figuren sowie Tabellen und Notenbeispiele. 1954. (576/576 a)

Die Kunst des Dirigierens von *H. W. von Waltershausen †*. 2., vermehrte Auflage. 138 Seiten. Mit 19 Notenbeispielen. 1954. (1147)

Die Technik des Klavierspiels aus dem Geiste des musikalischen Kunstwerkes von *K. Schubert †*. 3. Auflage. 110 Seiten. Mit Notenbeispielen. 1954. (1045)

Kunst

Stilkunde von *H. Weigert*. 2 Bände. 3., durchgesehene und ergänzte Auflage.
I: Vorzeit, Antike, Mittelalter. 136 Seiten, 94 Abbildungen. 1958. (80)
II: Spätmittelalter und Neuzeit. 150 Seiten, 88 Abbildungen. 1958. (781)

Archäologie von *A. Rumpf*. 2 Bände.
I: Einleitung, historischer Überblick. 143 Seiten, 6 Abbildungen, 12 Tafeln. 1953. (538)
II: Die Archäologensprache. Die antiken Reproduktionen. 136 Seiten, 7 Abbildungen, 12 Tafeln. 1956. (539)

Geschichte

Einführung in die Geschichtswissenschaft von *P. Kirn*. 3., durchgesehene Auflage. 128 Seiten. 1959. (270)

Zeitrechnung der römischen Kaiserzeit, des Mittelalters und der Neuzeit für die Jahre 1—2000 n. Chr. von *H. Lietzmann †*. 3. Auflage, durchgesehen von *K. Aland*. 130 Seiten. 1956. (1085)

Kultur der Urzeit von *F. Behn*. 3 Bände. 4. Auflage der Kultur der Urzeit Bd. 1—3 von *M. Hoernes*.
I: Die vormetallischen Kulturen. (Die Steinzeiten Europas. Gleichartige Kulturen in anderen Erdteilen.) 172 Seiten, 48 Abbildungen. 1950. (564)
II: Die älteren Metallkulturen. (Der Beginn der Metallbenutzung. Kupfer- und Bronzezeit in Europa, im Orient und in Amerika.) 160 Seiten, 67 Abbildungen. 1950. (565)
III: Die jüngeren Metallkulturen. (Das Eisen als Kulturmetall, Hallstatt-Latène-Kultur in Europa. Das erste Auftreten des Eisens in den anderen Weltteilen.) 149 Seiten, 60 Abbildungen. 1950. (566)

Vorgeschichte Europas von *F. Behn*. Völlig neue Bearbeitung der 7. Auflage der „Urgeschichte der Menschheit" von *M. Hoernes*. 125 Seiten, 47 Abbildungen. 1949. (42)

Der Eintritt der Germanen in die Geschichte von *J. Haller †*. 3. Auflage, durchgesehen von *H. Dannenbauer*. 120 Seiten, 6 Kartenskizzen. 1957. (1117)

Von den Karolingern zu den Staufern. Die altdeutsche Kaiserzeit (900—1250) von *J. Haller †*. 4., durchgesehene Auflage von *H. Dannenbauer*. 142 Seiten, 4 Karten. 1958. (1065)

Von den Staufern zu den Habsburgern. Auflösung des Reichs und Emporkommen der Landesstaaten (1250—1519) von *J. Haller †*. 2., durchgesehene Auflage von *H. Dannenbauer*. 118 Seiten, 6 Kartenskizzen. 1960. (1077)

Deutsche Geschichte im Zeitalter der Reformation, der Gegenreformation und des dreißigjährigen Krieges von *F. Hartung*. 129 Seiten. 1951. (1105)

Deutsche Geschichte von 1648 - 1740. Politischer und geistiger Wiederaufbau von *W. Treue*. 120 Seiten. 1956. (35)

Deutsche Geschichte von 1713 – 1806. Von der Schaffung des europäischen Gleichgewichts bis zu Napoleons Herrschaft von *W. Treue*. 168 Seiten. 1957. (39)

Deutsche Geschichte von 1806 - 1890. Vom Ende des alten bis zur Höhe des neuen Reiches von *W. Treue*. 128 Seiten. 1961. (893)

Deutsche Geschichte von 1890 bis zur Gegenwart von *W. Treue*. In Vorbereitung. (894)

Quellenkunde der Deutschen Geschichte im Mittelalter (bis zur Mitte des 15. Jahrhunderts) von *K. Jacob †*. 3 Bände.
I: Einleitung. Allgemeiner Teil. Die Zeit der Karolinger. 6. Auflage, bearbeitet von *H. Hohenleutner*. 127 Seiten. 1959. (279)
II: Die Kaiserzeit (911—1250). 5., neubearbeitete Auflage von *H. Hohenleutner*. 127 Seiten. 1961. (280)
III: Das Spätmittelalter (vom Interregnum bis 1500). Herausgegeben von *F. Weden*. 152 Seiten. 1952. (284)

Geschichte Englands von *H. Preller*. 2 Bände.
I: bis 1815. 3., stark umgearbeitete Auflage. 135 Seiten, 7 Stammtafeln, 2 Karten. 1952. (375)
II: Von 1815 bis 1910. 2., völlig umgearbeitete Auflage. 118 Seiten, 1 Stammtafel, 7 Karten. 1954. (1088)

Römische Geschichte von *F. Altheim*. 4 Bände. 2., verbesserte Auflage.
I: Bis zur Schlacht bei Pydna (168 v. Chr.). 124 Seiten. 1956. (19)
II: Bis zur Schlacht bei Actium (31 v. Chr.). 129 Seiten. 1956. (677)
III: Bis zur Schlacht an der Milvischen Brücke (312 n. Chr.). 148 Seiten. 1958. (679)
IV: Bis zur Schlacht am Yarmuk (636 n. Chr.). In Vorbereitung. (684)

Geschichte der Vereinigten Staaten von Amerika von *O. Graf zu Stolberg-Wernigerode*. 192 Seiten, 10 Karten. 1956. (1051/1051 a)

Deutsche Sprache und Literatur

Geschichte der Deutschen Sprache von *H. Sperber*. 3. Auflage, besorgt von *W. Fleischhauer*. 128 Seiten. 1958. (915)

Deutsches Rechtschreibungswörterbuch von *M. Gottschald †*. 2., verbesserte Auflage. 219 Seiten. 1953. (200/200 a)

Deutsche Wortkunde. Kulturgeschichte des deutschen Wortschatzes von *A. Schirmer*. 4. Auflage von *W. Mitzka*. 123 Seiten. 1960. (929)

Deutsche Sprachlehre von *W. Hofstaetter*. 10. Auflage. Völlige Umarbeitung der 8. Auflage. 150 Seiten. 1960. (20)

Stimmkunde für Beruf, Kunst und Heilzwecke von *H. Biehle*. 111 Seiten. 1955. (60)

Redetechnik. Einführung in die Rhetorik von *H. Biehle*. 2., erweiterte Auflage. 151 Seiten. 1961. (61)

Sprechen und Sprachpflege (Die Kunst des Sprechens) von *H. Feist*. 2., verbesserte Auflage. 99 Seiten, 25 Abbildungen. 1952. (1122)

Deutsches Dichten und Denken von der germanischen bis zur staufischen Zeit von *H. Naumann †*. (Deutsche Literaturgeschichte vom 5.—13. Jahrhundert.) 2., verbesserte Auflage. 166 Seiten. 1952. (1121)

Deutsches Dichten und Denken vom Mittelalter zur Neuzeit von *G. Müller* (1270 bis 1700). 2., durchgesehene Auflage. 159 Seiten. 1949. (1086)

Deutsches Dichten und Denken von der Aufklärung bis zum Realismus (Deutsche Literaturgeschichte von 1700—1890) von *K. Viëtor †*. 3., durchgesehene Auflage. 159 Seiten. 1958. (1096)

Der Nibelunge Nôt in Auswahl mit kurzem Wörterbuch von *K. Langosch*. 10., durchgesehene Auflage. 164 Seiten. 1956. (1)

Kudrun und Dietrich-Epen in Auswahl mit Wörterbuch von *O. L. Jiriczek*. 6. Auflage, bearbeitet von *R. Wisniewski*. 173 Seiten. 1957. (10)

Wolfram von Eschenbach. Parzival. Eine Auswahl mit Anmerkungen und Wörterbuch von *H. Jantzen*. 2. Auflage, bearbeitet von *H. Kolb*. 128 Seiten. 1957. (921)

Hartmann von Aue. Der arme Heinrich nebst einer Auswahl aus der „Klage“, dem „Gregorius“ und den Liedern (mit einem Wörterverzeichnis) herausgegeben von *F. Maurer*. 96 Seiten. 1958. (18)

Gottfried von Strassburg in Auswahl herausgegeben von *F. Maurer*. 142 Seiten. 1959. (22)

Die deutschen Personennamen von *M. Gottschald †*. 2., verbesserte Auflage. 151 Seiten. 1955. (422)

Althochdeutsches Elementarbuch. Grammatik und Texte. 3. Auflage von *W. Betz*. In Vorbereitung. (1111)

Mittelhochdeutsche Grammatik von *H. de Boor* und *R. Wisniewski*. 2., verbesserte und ergänzte Auflage. 142 Seiten. 1960. (1108)

Indogermanisch, Germanisch

Indogermanische Sprachwissenschaft von *H. Krahe*. 2 Bände. 3., neubearbeitete Auflage.

I: Einleitung und Lautlehre. 106 Seiten. 1958. (59)

II: Formenlehre. 124 Seiten. 1959. (64)

Gotisches Elementarbuch. Grammatik, Texte mit Übersetzung und Erläuterungen. Mit einer Einleitung von *H. Hempel*. 3. Auflage. 1961. In Vorbereitung. (79/79a)

Germanische Sprachwissenschaft von *H. Krahe*. 2 Bände. 4., überarbeitete Auflage.

I: Einleitung und Lautlehre. 147 Seiten. 1960. (238)

II: Formenlehre. 149 Seiten. 1961. (780)

Altnordisches Elementarbuch. Schrift, Sprache, Texte mit Übersetzung und Wörterbuch von *F. Ranke*. 2., durchgesehene Auflage. 146 Seiten. 1949. (1115)

Englisch, Romanisch

Altenglisches Elementarbuch von *M. Lehnert*. Einführung, Grammatik, Texte mit Übersetzung und Wörterbuch. 4., verbesserte Auflage. 178 Seiten. 1959. (1125)

Historische neuenglische Laut- und Formenlehre von *E. Ekwall*. 3., durchgesehene Auflage. 150 Seiten. 1956. (735)

Englische Phonetik von *H. Mutschmann †*. 117 Seiten. 1956. (601)

Englische Literaturgeschichte von *F. Schubel*. 4 Bände.

I: Die alt- und mittelenglische Periode. 163 Seiten. 1954. (1114)

II: Von der Renaissance bis zur Aufklärung. 160 Seiten. 1956. (1116)

III: Romantik und Viktorianismus. 160 Seiten. 1960. (1124)

Beowulf von *M. Lehnert*. Eine Auswahl mit Einführung, teilweiser Übersetzung, Anmerkungen und etymologischem Wörterbuch. 3., verbesserte Auflage. 135 Seiten. 1959. (1135)

Shakespeare von *P. Meißner †*. 2. Auflage, neubearbeitet von *M. Lehnert*. 136 Seiten. 1954. (1142)
Italienische Literaturgeschichte von *K. Voßler †*. 5. Auflage, neubearbeitet von *A. Noyer-Weidner*. In Vorbereitung. (125)
Romanische Sprachwissenschaft von *H. Lausberg*. 4 Bände.
I: Einleitung und Vokalismus. 160 Seiten. 1956. (128/128 a)
II: Konsonantismus. 95 Seiten. 1956. (250)
III: Formenlehre. In Vorbereitung. (1199)
IV: Wortlehre. In Vorbereitung. (1200)

Griechisch, Lateinisch

Griechische Sprachwissenschaft von *W. Brandenstein*. 2 Bände.
I: Einleitung, Lautsystem, Etymologie. 160 Seiten. 1954. (117)
II: Wortbildung und Formenlehre. 192 Seiten. 1959. (118/118 a)
Geschichte der griechischen Sprache. 2 Bände.
I: Bis zum Ausgang der klassischen Zeit von *O. Hoffmann †*. 3. Auflage, bearbeitet von *A. Debrunner †*. 156 Seiten. 1953. (111)
II: Grundfragen und Grundzüge des nachklassischen Griechisch von *A. Debrunner †*. 144 Seiten. 1954. (114)
Geschichte der griechischen Literatur von *W. Nestle*. 2 Bände.
I: 3. Auflage, bearbeitet von *W. Liebich*. 144 Seiten. 1961. (70)
Grammatik der neugriechischen Volkssprache von *J. Kalitsunakis*. 3., völlig neubearbeitete und erweiterte Auflage. 1961. In Vorbereitung. (756/756 a)
Neugriechisch-deutsches Gesprächsbuch von *J. Kalitsunakis*. 2. Auflage, bearbeitet von *A. Steinmetz*. 99 Seiten. 1960. (587)
Geschichte der lateinischen Sprache von *F. Stolz*. 4. Auflage von *A. Debrunner*. In Vorbereitung. (492)
Geschichte der römischen Literatur von *L. Bieler*. 2 Bände.
I: Die Literatur der Republik. 160 Seiten. 1961. (52)
II: Die Literatur der Kaiserzeit. 133 Seiten. 1961. (866)

Hebräisch, Sanskrit, Russisch

Hebräische Grammatik von *G. Beer †*. 2 Bände. 2., völlig neubearbeitete Auflage von *R. Meyer*.
I: Schrift-, Laut- und Formenlehre I. 3. Auflage. 157 Seiten. In Vorbereitung (763/763 a)
II: Formenlehre II. Syntax und Flexionstabellen. 195 Seiten. 1955. (764/764 a)
Hebräisches Textbuch zu *G. Beer-R. Meyer*, Hebräische Grammatik von *R. Meyer*. 170 Seiten. 1960. (769/769 a)
Sanskrit-Grammatik von *M. Mayrhofer*. 89 Seiten. 1953. (1158)
Russische Grammatik von *E. Berneker †*. 6., verbesserte Auflage von *M. Vasmer*. 155 Seiten. 1961. (66)
Slavische Sprachwissenschaft von *H. Bräuer*. 2 Bände.
I: Einleitung, Lautlehre. 221 Seiten. 1961. (1191/1191 a)

Erd- und Länderkunde

Afrika von *F. Jaeger*. Ein geographischer Überblick. 2 Bände. 2., umgearbeitete Auflage.
I: Der Lebensraum. 179 Seiten, 18 Abbildungen. 1954. (910)
II: Mensch und Kultur. 155 Seiten, 6 Abbildungen. 1954. (911)
Australien und Ozeanien von *H. J. Krug*. 176 Seiten, 46 Skizzen. 1953. (319)

Volkswirtschaft, Statistik, Publizistik

Allgemeine Betriebswirtschaftslehre von *K. Mellerowicz*. 4 Bände. 10., erweiterte und veränderte Auflage. (Bd. I, 11. Auflage)
I: 224 Seiten. 1961. (1008/1008 a) II: 188 Seiten. 1959. (1153/1153 a)
III: 260 Seiten. 1959. (1154/1154 a) IV: 209 Seiten. 1959. (1186/1186 a)
Diese 4 Bände sind auch in Ganzleinen gebunden zum Preise von je DM 6,30 lieferbar.

Geschichte der Volkswirtschaftslehre von *S. Wendt*. 182 Seiten. 1961. (1194)

Allgemeine Volkswirtschaftslehre von *A. Paulsen*. 4 Bände.
I: Grundlegung, Wirtschaftskreislauf. 3., durchgesehene und ergänzte Auflage. 148 Seiten. 1959. (1169)
II: Haushalte, Unternehmungen, Marktformen. 3., neubearbeitete Auflage. 166 Seiten, 32 Abbildungen. 1960. (1170)
III: Produktionsfaktoren. 2., neubearbeitete und ergänzte Auflage. 200 Seiten. 1961. (1171)
IV: Gesamtbeschäftigung, Konjunkturen, Wachstum. 2. Auflage. 172 Seiten. 1961. (1172)

Allgemeine Volkswirtschaftspolitik von *H. Ohm*. 2 Bände.
I: Systematisch-theoretische Grundlegung. In Vorbereitung. (1195)

Finanzwissenschaft von *H. Kolms*. 4 Bände.
I: Grundlegung, Öffentliche Ausgaben. 160 Seiten. 1959. (148)
II: Erwerbseinkünfte, Gebühren und Beiträge; Allgemeine Steuerlehre. 148 Seiten. 1960. (391)
III: Besondere Steuerlehre. In Vorbereitung. (776)
IV: Öffentlicher Kredit. Haushaltswesen. Finanzausgleich. In Vorbereitung. (782)

Finanzmathematik von *M. Nicolas*. 192 Seiten, 11 Tafeln, 8 Tabellen und 72 Beispiele. 1959. (1183/1183 a)

Industrie- und Betriebssoziologie von *R. Dahrendorf*. 2. Auflage. 120 Seiten. In Vorbereitung. (103)

Wirtschaftssoziologie von *F. Fürstenberg*. 122 Seiten. 1961. (1193)

Psychologie des Berufs- und Wirtschaftslebens von *W. Moede †*. 190 Seiten, 48 Abbildungen. 1958. (851/851 a)

Allgemeine Methodenlehre der Statistik von *J. Pfanzagl*. 2 Bände.
I: Elementare Methoden unter besonderer Berücksichtigung der Anwendungen in den Wirtschafts- und Sozialwissenschaften. 205 Seiten, 35 Abbildungen. 1960. (746/746 a)
II: Höhere Methoden unter besonderer Berücksichtigung der Anwendungen in Naturwissenschaft, Medizin und Technik. 295 Seiten. 1961. (747/747 a)

Zeitungslehre von *E. Dovifat*. 2 Bände. 3., neubearbeitete Auflage.
I: Theoretische und rechtliche Grundlagen — Nachricht und Meinung — Sprache und Form. 148 Seiten. 1955. (1039)
II: Redaktion — Die Sparten: Verlag und Vertrieb, Wirtschaft und Technik, Sicherung der öffentlichen Aufgabe. 158 Seiten. 1955. (1040)

Naturwissenschaften

Mathematik

Geschichte der Mathematik von *J. E. Hofmann*. 3 Bände.
I: Von den Anfängen bis zum Auftreten von Fermat und Descartes. 200 Seiten. 1953. (226)
II: Von Fermat und Descartes bis zur Erfindung des Calculus und bis zum Ausbau der neuen Methoden. 109 Seiten. 1957. (875)
III: Von den Auseinandersetzungen um den Calculus bis zur französischen Revolution. 107 Seiten. 1957. (882)

Mathematische Formelsammlung von *F. O. Ringleb*. 7., erweiterte Auflage. 320 Seiten, 40 Figuren. 1960. (51/51a)

Vierstellige Tafeln und Gegentafeln für logarithmisches und trigonometrisches Rechnen in zwei Farben zusammengestellt von *H. Schubert* und *R. Haussner*. 3., neubearbeitete Auflage von *J. Erlebach*. 158 Seiten. 1960. (81)

Fünfstellige Logarithmen von *A. Adler*. Mit mehreren graphischen Rechentafeln und häufig vorkommenden Zahlenwerten. 3. Auflage. 127 Seiten, 1 Tafel. 1959. (423)

Arithmetik von *P. B. Fischer †*. 3. Auflage von *H. Rohrbach*. 152 Seiten, 19 Abbildungen. 1958. (47)

Höhere Algebra von *H. Hasse*. 2 Bände. 4., durchgesehene Auflage.
I: Lineare Gleichungen. 152 Seiten. 1957. (931)
II: Gleichungen höheren Grades. 158 Seiten, 5 Figuren. 1958. (932)

Aufgabensammlung zur höheren Algebra von *H. Hasse* und *W. Klobe*. 3., verbesserte und vermehrte Auflage. 181 Seiten. 1961. (1082)

Elementare und klassische Algebra vom modernen Standpunkt von *W. Krull*. 2 Bände.
I: 2., erweiterte Auflage. 136 Seiten. 1952. (930)
II: 132 Seiten. 1959. (933)

Algebraische Kurven und Flächen von *W. Burau*. 28 Figuren. 1961. In Vorbereitung. (435)

Einführung in die Zahlentheorie von *A. Scholz †*. Überarbeitet und herausgegeben von *B. Schoeneberg*. 3. Auflage. 128 Seiten. 1961. (1131)

Formale Logik von *P. Lorenzen*. 165 Seiten. 1958. (1176/1176a)

Topologie von *W. Franz*. 2 Bände.
I: Allgemeine Topologie. 144 Seiten, 9 Figuren. 1960. (1181)

Elemente der Funktionentheorie von *K. Knopp †*. 5. Auflage. 144 Seiten, 23 Fig. 1959. (1109)

Funktionentheorie von *K. Knopp †*. 2 Bände.
I: Grundlagen der allgemeinen Theorie der analytischen Funktionen. 10., neubearbeitete Auflage. 144 Seiten, 8 Figuren. 1961. (668/668a)
II: Anwendungen und Weiterführung der allgemeinen Theorie. 8./9. Auflage. 130 Seiten, 7 Figuren. 1955. (703)

Aufgabensammlung zur Funktionentheorie von *K. Knopp †*. 2 Bände.
I: Aufgaben zur elementaren Funktionentheorie. 6. Auflage. 135 Seiten. In Vorbereitung. (877)
II: Aufgaben zur höheren Funktionentheorie. 5. Auflage. 151 Seiten. 1959. (878)

Differential- und Integralrechnung von *M. Barner*. (Früher *Witting*). 4 Bände.
I: Grenzwertbegriff, Differentialrechnung. 176 Seiten. 1961. (86/86a)

Gewöhnliche Differentialgleichungen von *G. Hoheisel*. 6., neubearbeitete und erweiterte Auflage. 128 Seiten. 1960. (920)

Partielle Differentialgleichungen von *G. Hoheisel*. 4., durchgesehene Auflage. 128 Seiten. 1960. (1003)

Aufgabensammlung zu den gewöhnlichen und partiellen Differentialgleichungen von *G. Hoheisel*. 4., durchgesehene und verbesserte Auflage. 124 Seiten. 1958. (1059)

Integralgleichungen von *G. Hoheisel*. 2., durchgesehene Auflage. 1961. In Vorbereitung. (1099)

Mengenlehre von *E. Kamke*. 3., neubearbeitete Auflage. 194 Seiten, 6 Figuren. In Vorbereitung. (999/999a)

Gruppentheorie von *L. Baumgartner*. 3., neubearbeitete Auflage. 110 Seiten, 3 Tafeln. 1958. (837)

Ebene und sphärische Trigonometrie von *G. Hessenberg* †. 5. Auflage, durchgesehen von *H. Kneser*. 172 Seiten, 60 Figuren. 1957. (99)

Darstellende Geometrie von *W. Haack*. 3 Bände.
I: Die wichtigsten Darstellungsmethoden. Grund- und Aufriß ebenflächiger Körper. 3., durchgesehene und ergänzte Auflage. 113 Seiten, 120 Abbildungen. 1960. (142)
II: Körper mit krummen Begrenzungsflächen. Kotierte Projektionen. 2., durchgesehene und ergänzte Auflage. 129 Seiten, 86 Abbildungen. 1959. (143)
III: Axonometrie und Perspektive. 2. Auflage. 127 Seiten, 100 Abbildungen. In Vorbereitung. (144)

Analytische Geometrie von *K. P. Grotemeyer*. 2. Auflage. 202 Seiten, 73 Abbildungen. 1961. (65/65a)

Nichteuklidische Geometrie. Hyperbolische Geometrie der Ebene von *R. Baldus* †. Durchgesehen und herausgegeben von *F. Löbell*. 3., verbesserte Auflage. 140 Seiten, 70 Figuren. 1953. (970)

Differentialgeometrie von *K. Strubecker* (früher *Rothe*). 3 Bände.
I: Kurventheorie der Ebene und des Raumes. 150 Seiten, 18 Figuren. 1955. (1113/1113a)
II: Theorie der Flächenmetrik. 195 Seiten, 14 Figuren. 1958. (1179/1179a)
III: Theorie der Flächenkrümmung. 254 Seiten, 38 Figuren. 1959. (1180/1180a)

Variationsrechnung von *L. Koschmieder*. 2 Bände. 2., neubearbeitete Auflage.
I: Das freie und gebundene Extrem einfacher Grundintegrale. 128 Seiten. 23 Figuren. 1961. (1074)

Einführung in die konforme Abbildung von *L. Bieberbach*. 5., erweiterte Auflage. 180 Seiten, 42 Figuren. 1956. (768/768a)

Vektoren und Matrizen von *S. Valentiner*. 2. Auflage. (9., erweiterte Auflage der „Vektoranalysis"). Mit Anhang: Aufgaben zur Vektorrechnung von *H. König*. 202 Seiten, 35 Figuren. 1960. (354/354a)

Versicherungsmathematik von *F. Böhm*. 2 Bände.
I: Elemente der Versicherungsrechnung. 3., vermehrte und verbesserte Auflage. Durchgesehener Neudruck. 151 Seiten. 1953. (180)
II: Lebensversicherungsmathematik. Einführung in die technischen Grundlagen der Sozialversicherung. 2., verbesserte und vermehrte Auflage. 205 Seiten. 1953. (917/917a)

Finanzmathematik von *M. Nicolas*. 192 Seiten, 11 Tafeln, 8 Tabellen und 72 Beispiele. 1959. (1183/1183a)

Physik

Einführung in die theoretische Physik von *W. Döring*. 5 Bände.
I: Mechanik. 2., verbesserte Auflage. 123 Seiten, 25 Abbildungen. 1960. (76)
II: Das elektromagnetische Feld. 2., verbesserte Auflage. 1961. In Vorbereitung. (77)
III: Optik. 117 Seiten, 32 Abbildungen. 1956. (78)
IV: Thermodynamik. 107 Seiten, 9 Abbildungen. 1956. (374)
V: Statistische Mechanik. 114 Seiten, 12 Abbildungen. 1957. (1017)

Mechanik deformierbarer Körper von *M. Päsler*. 199 Seiten, 48 Abbildungen. 1960. (1189/1189a)

Atomphysik von *K. Bechert* und *Ch. Gerthsen* †. 7 Bände.
I: Allgemeine Grundlagen. 1. Teil. 4., durchgesehene Auflage von *A Flammersfeld*. 124 Seiten, 35 Abbildungen. 1959. (1009)
II: Allgemeine Grundlagen. 2. Teil. 4. Auflage. 1961. In Vorber. (1033)
III: Theorie des Atombaus. 1. Teil. 4., umgearbeitete Auflage. 148 Seiten, 16 Abbildungen. 1961. In Vorbereitung (1123/1123a)
IV: Theorie des Atombaus. 2. Teil. 3., umgearbeitete Auflage. 170 Seiten, 14 Abbildungen. 1954. (1165/1165a)

Differentialgleichungen der Physik von *F. Sauter* 3., durchgesehene und ergänzte Auflage. 148 Seiten, 16 Figuren. 1958. (1070)

Physikalische Formelsammlung von *G. Mahler* †. Neubearbeitet von *K. Mahler* 10., durchgesehene Auflage. 153 Seiten, 69 Figuren. 1959. (136)

Physikalische Aufgabensammlung von *G. Mahler* †. Neu bearbeitet von *K. Mahler* Mit den Ergebnissen. 11. Auflage. 127 Seiten 1961 (243)

Chemie

Geschichte der Chemie in kurzgefaßter Darstellung von *G. Lockemann*. 2 Bände.
I: Vom Altertum bis zur Entdeckung des Sauerstoffs. 142 Seiten, 8 Bildnisse. 1950. (264)
II: Von der Entdeckung des Sauerstoffs bis zur Gegenwart. 151 Seiten, 16 Bildnisse. 1955. (265/265a)

Anorganische Chemie von *W. Klemm*. 11. Auflage. 185 Seiten, 18 Abbildungen. 1960. (37)

Organische Chemie von *W. Schlenk*. 8., erweiterte Auflage. 272 Seiten, 16 Abbildungen. 1960. (38/38a)

Physikalische Methoden der Organischen Chemie von *G. Kresze*. 1961. In Vorbereitung. (44/44a)

Allgemeine und physikalische Chemie von *W. Schulze*. 2 Bände.
I: 5., durchgesehene Auflage. 139 Seiten, 10 Figuren. 1960. (71)
II: 5., verbesserte Auflage. 178 Seiten, 37 Figuren. 1961. (698/698a)

Versuche zur allgemeinen und physikalischen Chemie von *E. Dehn*. 1961 In Vorbereitung. (1201)

Molekülbau. Theoretische Grundlagen und Methoden der Strukturermittlung von *W. Schulze*. 123 Seiten, 43 Figuren. 1958. (786)

Physikalisch-chemische Rechenaufgaben von *E. Asmus*. 3., verbesserte Auflage. 96 Seiten. 1958. (445)

Maßanalyse. Theorie und Praxis der klassischen und der elektrochemischen Titrierverfahren von *G. Jander* und *K F. Jahr*. 9., durchgesehene Auflage. 313 Seiten, 49 Figuren. 1961. (221/221a)

Qualitative Analyse von *H. Hofmann* u. *G. Jander*. 308 Seiten, 5 Abbildungen. 1960. (247/247 a)
Thermochemie von *W. A. Roth †*. 2., verbesserte Auflage. 109 Seiten, 16 Figuren. 1952. (1057)
Stöchiometrische Aufgabensammlung von *W. Bahrdt †* und *R. Scheer*. Mit den Ergebnissen. 7., durchgesehene Auflage. 119 Seiten. 1960. (452)
Elektrochemie und ihre physikalisch-chemischen Grundlagen von *A. Dassler*. 2 Bände.
II: 178 Seiten, 17 Abbildungen. 1950. (253)

Technologie

Die Chemie der Kunststoffe von *K. Hamann*, unter Mitarbeit von *W. Funke* und *H. D. Hermann*. 143 Seiten. 1960. (1173)
Warenkunde von *K. Hassak* und *E. Beutel †*. 2 Bände.
I: Anorganische Waren sowie Kohle und Erdöl. 8. Auflage. Neubearbeitet von *A. Kutzelnigg*. 119 Seiten, 18 Figuren. 1958. (222)
II: Organische Waren. 8. Auflage. Vollständig neubearbeitet von *A. Kutzelnigg*. 157 Seiten, 32 Figuren. 1959. (223)
Die Fette und Öle von *Th. Klug*. 6. Auflage. 143 Seiten. 1961. (335)
Die Seifenfabrikation von *K. Braun †*. 3., neubearbeitete und verbesserte Auflage von *Th. Klug*. 116 Seiten, 18 Abbildungen. 1953. (336)
Textilindustrie von *A. Blümcke*.
I: Spinnerei und Zwirnerei. 111 Seiten, 43 Abbildungen. 1954. (184)

Biologie

Einführung in die allgemeine Biologie und ihre philosophischen Grund- und Grenzfragen von *M. Hartmann*. 132 Seiten, 2 Abbildungen. 1956. (96)
Hormone von *G. Koller* 2., neubearbeitete und erweiterte Auflage. 187 Seiten, 60 Abbildungen, 19 Tabellen. 1949. (1141)
Fortpflanzung im Tier- und Pflanzenreich von *J. Hämmerling*. 2., ergänzte Auflage. 135 Seiten, 101 Abbildungen. 1951. (1138)
Geschlecht und Geschlechtsbestimmung im Tier- und Pflanzenreich von *M. Hartmann*. 2., verbesserte Auflage. 116 Seiten, 61 Abbildungen, 7 Tabellen. 1951. (1127)
Symbiose der Tiere mit pflanzlichen Mikroorganismen von *P. Buchner* 2., verbesserte und vermehrte Auflage. 130 Seiten, 121 Abbildungen. 1949. (1128)
Grundriß der Allgemeinen Mikrobiologie von *W.* u. *A. Schwartz*. 2 Bände. 2., verbesserte und ergänzte Auflage.
I: 147 Seiten, 25 Abbildungen. 1960. (1155)
II: 142 Seiten, 29 Abbildungen. 1961. (1157)

Botanik

Entwicklungsgeschichte des Pflanzenreiches von *H. Heil*. 2. Auflage. 138 Seiten, 94 Abbildungen, 1 Tabelle. 1950. (1137)
Morphologie der Pflanzen von *L. Geitler*. 3., umgearbeitete Auflage. 126 Seiten, 114 Abbildungen. 1953. (141)

Pflanzengeographie von *L. Diels †*. 5., völlig neubearbeitete Auflage von *F. Mattick*. 195 Seiten, 2 Karten. 1958. (389/389a)

Die Laubhölzer. Kurzgefaßte Beschreibung der in Mitteleuropa gedeihenden Laubbäume und Sträucher von *F. W. Neger †* und *E. Münch †*. 3., durchgesehene Auflage, herausgegeben von *B. Huber*. 143 Seiten, 63 Figuren, 7 Tabellen. 1950. (718)

Die Nadelhölzer (Koniferen) und übrigen Gymnospermen von *F. W. Neger †* und *E. Münch †*. 4. Auflage, durchgesehen und ergänzt von *B. Huber*. 140 Seiten. 75 Figuren, 4 Tabellen, 3 Karten. 1952. (355)

Pflanzenzüchtung von *H. Kuckuck*. 2 Bände.

I: Grundzüge der Pflanzenzüchtung. 3., völlig umgearbeitete und erweiterte Auflage. 132 Seiten, 22 Abbildungen. 1952. (1134)

II: Spezielle gartenbauliche Pflanzenzüchtung (Züchtung von Gemüse, Obst und Blumen). 178 Seiten, 27 Abbildungen. 1957. (1178/1178a)

Zoologie

Entwicklungsphysiologie der Tiere von *F. Seidel*. 2 Bände.

I: Ei und Furchung. 126 Seiten, 29 Abbildungen. 1953. (1162)

II: Körpergrundgestalt und Organbildung. 159 Seiten, 42 Abbildungen. 1953. (1163)

Das Tierreich

I: Einzeller, Protozoen von *E. Reichenow*. 115 Seiten, 59 Abbildungen. 1956. (444)

II: Schwämme und Hohltiere von *H. J. Hannemann*. 95 Seiten, 80 Abbildungen. 1956. (442)

III: Würmer. Platt-, Hohl-, Schnurwürmer, Kamptozoen, Ringelwürmer, Protracheaten, Bärtierchen, Zungenwürmer von *S. Jaeckel*. 114 Seiten, 36 Abbildungen. 1955. (439)

IV, 1: Krebse von *H. E. Gruner* und *K. Deckert*. 114 Seiten, 43 Abbildungen. 1956. (443)

IV, 2: Spinnentiere (Trilobitomorphen, Fühlerlose) und Tausendfüßler von *A. Kaestner*. 96 Seiten, 55 Abbildungen. 1955. (1161)

IV, 3: Insekten von *H. von Lengerken*. 128 Seiten, 58 Abbildungen. 1953. (594)

V: Weichtiere. Urmollusken, Schnecken, Muscheln und Kopffüßer von *S. Jaeckel*. 92 Seiten, 34 Abbildungen. 1954. (440)

VI: Stachelhäuter. Tentakulaten, Binnenatmer und Pfeilwürmer von *S. Jaeckel*. 100 Seiten, 46 Abbildungen. 1955. (441)

VII, 1: Manteltiere, Schädellose, Rundmäuler von *Th. Haltenorth*. In Vorbereitung. (448)

VII, 2: Fische von *D. Lüdemann*. 130 Seiten, 65 Abbildungen. 1955. (356)

VII, 3: Lurche (Chordatiere) von *K. Herter*. 143 Seiten, 129 Abbildungen. 1955. (847)

VII, 4: Kriechtiere (Chordatiere) von *K. Herter*. 200 Seiten, 142 Abbildungen. 1960. (447/447a)

VII, 5: Vögel (Chordatiere) von *H.-A. Freye*. 156 Seiten, 69 Figuren. 1960. (869)

VII, 6: Säugetiere (Chordatiere) von *Th. Haltenorth*. In Vorbereitung. (282)

Land- und Forstwirtschaft

Landwirtschaftliche Tierzucht. Die Züchtung und Haltung der landwirtschaftlichen Nutztiere von *H. Vogel*. 139 Seiten, 11 Abbildungen. 1952. (228)

Kulturtechnische Bodenverbesserungen von *O. Fauser*. 2 Bände. 5., verbesserte und vermehrte Auflage.
I: Allgemeines, Entwässerung. 127 Seiten, 49 Abbildungen. 1959. (691)
II: Bewässerung, Ödlandkultur, Flurbereinigung. 159 Seiten, 71 Abbildungen. 1961. (692)

Agrikulturchemie von *K. Scharrer*. 2 Bände.
I: Pflanzenernährung. 143 Seiten. 1953. (329)
II: Futtermittelkunde. 192 Seiten. 1956. (330/330a)

Geologie, Mineralogie, Kristallographie

Geologie von *F. Lotze*. 2., verbesserte Auflage. 178 Seiten, 80 Abbildungen. 1951. (13)

Mineral- und Erzlagerstättenkunde von *H. Huttenlocher †*. 2 Bände.
I: 2. Auflage. 128 Seiten, 34 Abbildungen. In Vorbereitung. (1014)
II: 156 Seiten, 48 Abbildungen. 1954. (1015/1015a)

Allgemeine Mineralogie. 10., erweiterte Auflage der „Mineralogie" von *R. Brauns †*, bearbeitet von *K. F. Chudoba*. 120 Seiten, 120 Figuren, 1 Tafel, 3 Tabellen. 1958. (29)

Spezielle Mineralogie. 10., erweiterte Auflage der „Mineralogie" von *R. Brauns †*, bearbeitet von *K. F. Chudoba*. 170 Seiten, 125 Figuren, 4 Tabellen. 1959. (31/31a)

Petrographie (Gesteinskunde) von *W. Bruhns †*. Neubearbeitet von *P. Ramdohr*. 5., erweiterte Auflage. 141 Seiten, 10 Figuren. 1960. (173)

Kristallographie von *W. Bruhns †*. 5. Auflage, neubearbeitet von *P. Ramdohr*. 109 Seiten, 164 Abbildungen. 1958. (210)

Einführung in die Kristalloptik von *E. Buchwald*. 4., verbesserte Auflage. 138 Seiten, 121 Figuren. 1952. (619)

Lötrohrprobierkunde. Mineraldiagnose mit Lötrohr- und Tüpfelreaktion. Von *M. Henglein*. 4., verbesserte Auflage. 91 Seiten, 11 Figuren. 1961. (483)

Technik

Graphische Darstellung in Wissenschaft und Technik von *M. Pirani*. 3., erweiterte Auflage bearbeitet von *J. Fischer* unter Benutzung der von *I. Runge* besorgten 2. Auflage. 216 Seiten, 104 Abbildungen. 1957. (728/728a)

Technische Tabellen und Formeln von *W. Müller*. 5., verbesserte und erweiterte Auflage von *E. Schulze*. 1961. In Vorbereitung. (579)

Grundlagen der Straßenverkehrstechnik von *E. Engel*. 1961. In Vorbereitung. (1198)

Elektrotechnik

Grundlagen der allgemeinen Elektrotechnik von *O. Mohr*. 2., durchgesehene Auflage. 260 Seiten, 136 Bilder, 14 Tafeln. 1961. (196/196a)

Die Gleichstrommaschine von *K. Humburg*. 2 Bände. 2., durchgesehene Auflage.
I: 102 Seiten, 59 Abbildungen. 1956. (257)
II: 101 Seiten, 38 Abbildungen. 1956. (881)

Die Synchronmaschine von *W. Putz*. 109 Seiten, 78 Abbildungen. 1961. (1146)

Induktionsmaschinen von *F. Unger*. 2., erweiterte Auflage. 142 Seiten, 49 Abbildungen. 1954. (1140)

Die komplexe Berechnung von Wechselstromschaltungen von *H. H. Meinke.* 2. Auflage. 180 Seiten, 120 Abbildungen. 1957. (1156/1156a)

Theoretische Grundlagen zur Berechnung der Schaltgeräte von *F. Kesselring.* 3. Auflage. 144 Seiten, 92 Abbildungen. 1950. (711)

Einführung in die Technik selbsttätiger Regelungen von *W. zur Megede.* 2., durchgesehene Auflage. 180 Seiten, 86 Abbildungen. 1961. (714/714a)

Elektromotorische Antriebe (Grundlagen für die Berechnung) von *A. Schwaiger.* 3., neubearbeitete Auflage. 96 Seiten, 34 Abbildungen. 1952. (827)

Überspannungen und Überspannungsschutz von *G. Frühauf.* Durchgesehener Neudruck. 122 Seiten, 98 Abbildungen. 1950. (1132)

Maschinenbau

Metallkunde von *H. Borchers.* 2 Bände.
- I: Aufbau der Metalle und Legierungen. 5. Auflage. 120 Seiten, 90 Abbildungen, 2 Tabellen. In Vorbereitung. (432)
- II: Eigenschaften, Grundzüge der Form- und Zustandsgebung. 3. und 4. Auflage. 179 Seiten, 107 Abbildungen, 10 Tabellen. 1959. (433/433a)

Die Werkstoffe des Maschinenbaues von *A. Thum †* und *C. M. v. Meysenbug.* 2 Bände.
- I: Einführung in die Werkstoffprüfung. 2., neubearbeitete Auflage. 100 Seiten, 7 Tabellen, 56 Abbildungen. 1956. (476)
- II: Die Konstruktionswerkstoffe. 132 Seiten, 40 Abbildungen. 1959. (936)

Dynamik von *W. Müller.* 2 Bände. 2., verbesserte Auflage.
- I: Dynamik des Einzelkörpers. 128 Seiten, 48 Figuren. 1952. (902)
- II: Systeme von starren Körpern. 102 Seiten, 41 Figuren. 1952. (903)

Technische Schwingungslehre von *L. Zipperer.* 2 Bände. 2., neubearbeitete Auflage.
- I: Allgemeine Schwingungsgleichungen, einfache Schwinger. 120 Seiten, 101 Abbildungen. 1953. (953)
- II: Torsionsschwingungen in Maschinenanlagen. 102 Seiten, 59 Abbildungen. 1955. (961/961a)

Werkzeugmaschinen für Metallbearbeitung von *K. P. Matthes.* 2 Bände.
- I: 100 Seiten, 27 Abbildungen, 11 Zahlentafeln, 1 Tafelanhang. 1954. (561)
- II: Fertigungstechnische Grundlagen der neuzeitlichen Metallbearbeitung. 101 Seiten, 30 Abbildungen, 5 Tafeln. 1955. (562)

Transformatoren von *W. Schäfer.* 3., überarbeitete und ergänzte Auflage. 130 Seiten, 73 Abbildungen. 1957. (952)

Das Maschinenzeichnen mit Einführung in das Konstruieren von *W. Tochtermann.* 2 Bände. 4. Auflage.
- I: Das Maschinenzeichnen. 156 Seiten, 75 Tafeln. 1950. (589)
- II: Ausgeführte Konstruktionsbeispiele. 130 Seiten, 58 Tafeln. 1950. (590)

Die Maschinenelemente von *E. A. vom Ende.* 4., verbesserte Auflage. 166 Seiten, 175 Figuren, 9 Tafeln. In Vorbereitung. (3/3a)

Die Maschinen der Eisenhüttenwerke von *L. Engel*. 156 Seiten, 95 Abbildungen. 1957. (583/583a)

Walzwerke von *H. Sedlaczek* † unter Mitarbeit von *F. Fischer* und *M. Buch*. 232 Seiten, 157 Abbildungen. 1958. (580/580a)

Getriebelehre von *P. Grodzinski* †. 2 Bände.
I: Geometrische Grundlagen. 3., neubearbeitete Auflage von *G. Lechner*. 164 Seiten, 131 Figuren. 1960. (1061)

Gießereitechnik von *H. Jungbluth*. 2 Bände.
I: Eisengießerei. 126 Seiten, 44 Abbildungen. 1951. (1159)

Die Dampfturbinen. Ihre Wirkungsweise, Berechnung und Konstruktion von *C. Zietemann*. 3 Bände. 3., verbesserte Auflage.
I: Theorie der Dampfturbinen. 139 Seiten, 48 Abbildungen. 1955. (274)
II: Die Berechnung der Dampfturbinen und die Konstruktion der Einzelteile. 132 Seiten, 111 Abbildungen. 1956. (715)
III: Die Regelung der Dampfturbinen, die Bauarten, Turbinen für Sonderzwecke, Kondensationsanlagen. 126 Seiten, 90 Abbildungen. 1956. (716)

Verbrennungsmotoren von *W. Endres*. 3 Bände.
I: Überblick. Motor-Brennstoffe. Verbrennung im Motor allgemein, im Otto- und Diesel-Motor. 153 Seiten, 57 Abbildungen. 1958. (1076/1076a)
II: Die heutigen Typen der Verbrennungskraftmaschine. In Vorbereitung. (1184)
III: Die Einzelteile des Verbrennungsmotors. In Vorbereitung. (1185)

Autogenes Schweißen und Schneiden von *H. Niese*. 5. Auflage, neubearbeitet von *A. Küchler*. 136 Seiten, 71 Figuren. 1953. (499)

Die elektrischen Schweißverfahren von *H. Niese*. 2. Auflage, neubearbeitet von *H. Dienst*. 136 Seiten, 58 Abbildungen. 1955. (1020)

Die Hebezeuge. Entwurf von Winden und Kranen von *G. Tafel*. 2., verbesserte Auflage. 176 Seiten, 230 Figuren. 1954. (414/414a)

Wasserbau

Wasserkraftanlagen von *A. Ludin* unter Mitarbeit von *W. Borkenstein*. 2 Bände.
I: Planung, Grundlagen und Grundzüge. 124 Seiten, 60 Abbildungen. 1955. (665)
II: Anordnung und Ausbildung der Hauptbauwerke. 184 Seiten, 91 Abbildungen. 1958. (666/666a)

Verkehrswasserbau von *H. Dehnert*. 3 Bände.
I: Entwurfsgrundlagen, Flußregelungen. 103 Seiten, 52 Abbildungen. 1950. (585)
II: Flußkanalisierung und Schiffahrtskanäle. 94 Seiten, 60 Abbildungen. 1950. (597)
III: Schleusen und Hebewerke. 98 Seiten, 70 Abbildungen. 1950. (1152)

Wehr- und Stauanlagen von *H. Dehnert*. 134 Seiten, 90 Abbildungen. 1952. (965)

Talsperren von *F. Tölke*. 122 Seiten, 70 Abbildungen. 1953. (1044)

Hoch- und Tiefbau

Die wichtigsten Baustoffe des Hoch- und Tiefbaus von *O. Graf †*. 4., verbesserte Auflage. 131 Seiten, 63 Abbildungen. 1953. (984)

Baustoffverarbeitung und Baustellenprüfung des Betons von *A. Kleinlogel*. 2., neubearbeitete und erweiterte Auflage. 126 Seiten, 35 Abbildungen. 1951. (978)

Festigkeitslehre. 2 Bände.
I: Elastizität, Plastizität und Festigkeit der Baustoffe und Bauteile von *W. Gehler †* und *W. Herberg*. Durchgesehener und erweiterter Neudruck. 159 Seiten, 118 Abbildungen. 1952. (1144)
II: Formänderung, Platten, Stabilität und Bruchhypothesen von *W. Herberg* und *N. Dimitrov*. 187 Seiten, 94 Abbildungen. 1955. (1145/1145a)

Grundlagen des Stahlbetonbaus von *A. Troche*. 2., neubearbeitete und erweiterte Auflage. 208 Seiten, 75 Abbildungen, 17 Bemessungstafeln, 20 Rechenbeispiele. 1953. (1078)

Statik der Baukonstruktionen von *A. Teichmann*. 3 Bände.
I: Grundlagen. 101 Seiten, 51 Abbildungen, 8 Formeltafeln. 1956. (119)
II: Statisch bestimmte Stabwerke. 107 Seiten, 52 Abbildungen, 7 Tafeln. 1957. (120)
III: Statisch unbestimmte Systeme. 112 Seiten, 34 Abbildungen, 7 Formeltafeln. 1958. (122)

Fenster, Türen, Tore aus Holz und Metall. Eine Anleitung zu ihrer guten Gestaltung, wirtschaftlichen Bemessung und handwerksgerechten Konstruktion von *W. Wickop †*. 4., überarbeitete und ergänzte Auflage. 155 Seiten, 95 Abbildungen. 1955. (1092)

Heizung und Lüftung von *W. Körting*. 2 Bände. 9., neubearbeitete Auflage.
I: Das Wesen und die Berechnung der Heizungs- und Lüftungsanlagen. 1961. In Vorbereitung. (342)
II: Die Ausführung der Heizungs- und Lüftungsanlagen. 1961. In Vorbereitung. (343)

Industrielle Kraft- und Wärmewirtschaft von *F. A. F. Schmidt* und *A. Beckers*. 167 Seiten, 73 Abbildungen. 1957. (318/318a)

Vermessungswesen

Vermessungskunde von *P. Werkmeister*. 3 Bände.
I: Stückvermessung und Nivellieren. 11., völlig neubearbeitete Auflage von *W. Grossmann*. 143 Seiten, 117 Figuren. In Vorbereitung. (468)
II: Horizontalaufnahmen und ebene Rechnungen. 8., völlig neubearbeitete Auflage von *W. Grossmann*. 133 Seiten, 97 Figuren. 1959. (469)
III: Trigonometrische und barometrische Höhenmessung. Tachymetrie und Absteckungen. 7., völlig neubearbeitete Auflage von *W. Grossmann*. 136 Seiten, 97 Figuren. 1960. (862)

Photogrammetrie von *G. Lehmann*. 189 Seiten, 132 Abbildungen. 1959. (1188/1188a)

Sammlung Göschen / Bandnummernfolge

1 Langosch, Der Nibelunge Nôt
3/3a v. Ende, Maschinenelemente
10 Jiriczek-Wisniewski, Kudrun-und Dietrich-Epen
13 Lotze, Geologie
18 Maurer, Hartmann von Aue. Der arme Heinrich
19 Altheim, Römische Geschichte I
20 Hofstaetter, Dt. Sprachlehre
22 Maurer, Gottfried von Strassburg
29 Brauns-Chudoba, Allg. Mineralog.
31/31a Brauns-Chudoba, Spez. Mineralogie
35 Treue, Dt. Geschichte von 1648 bis 1740
37 Klemm, Anorganische Chemie
38/38a Schlenk, Organische Chemie
39 Treue, Dt. Geschichte von 1713 bis 1806
42 Behn-Hoernes, Vorgesch. Europas
44/44a Kresze, Physikalische Methoden der organischen Chemie
47 Fischer-Rohrbach, Arithmetik
51/51a Ringleb, Mathem. Formelslg.
52 Bieler, Röm. Literaturgesch. I
59 Krahe, Indog. Sprachwiss. I
60 Biehle, Stimmkunde
61 Biehle, Redetechnik
64 Krahe, Indog. Sprachwiss. II
65/65a Grotemeyer, Analyt. Geomet.
66 Berneker-Vasmer, Russische Grammatik
70 Nestle-Liebich, Gesch. d. griech. Literatur I
71 Schulze, Allgemeine und physikalische Chemie I
76 Döring, Einf. i. d. th. Physik I
77 Döring, Einf. i. d. th. Physik II
78 Döring, Einf. i. d. th. Physik III
79/79a Hempel, Got. Elementarbuch
80 Weigert, Stilkunde I
81 Schubert-Haussner-Erlebach, Vierstell. Logarithmentafeln
86/86a Barner, Differential- u. Integralrechn. I
96 Hartmann, Einf. in die allgem. Biologie
99 Hessenberg-Kneser, Ebene und sphär. Trigonometrie
101 v. Wiese, Soziologie
103 Dahrendorf, Industrie- und Betriebssoziologie
104/104a Hofstätter, Sozialpsycholog.
111 Hoffmann-Debrunner, Gesch. der griechischen Sprache I
114 Debrunner, Gesch. der griechisch. Sprache II
117 Brandenstein, Griechische Sprachwissenschaft I
118/118a Brandenstein, Griechische Sprachwissenschaft II
119 Teichmann, Statik der Baukonstruktionen I
120 Teichmann, Statik der Baukonstruktionen II
122 Teichmann, Statik der Baukonstruktionen III
125 Vossler-Noyer-Weidner, Ital. Literaturgeschichte
128/128a Lausberg, Romanische Sprachwissenschaft I
136 Mahler, Physikal. Formelslg.
141 Geitler, Morphologie der Pflanzen
142 Haack, Darstellende Geometrie I
143 Haack, Darstellende Geometrie II
144 Haack, Darstellende Geometrie III
145 Weimer, Gesch. der Pädagogik
148 Kolms, Finanzwissenschaft I
156/156a Landmann, Philosophische Anthropologie
170 Oehlmann, Musik des 19. Jhs.
171/171a Oehlmann, Musik des 20. Jhs.
173 Bruhns-Ramdohr, Petrographie
180 Böhm, Versicherungsmathem. I
184 Blümcke, Textilindustrie I
196/196a Mohr, Grundlagen der Elektrotechnik
200/200a Gottschald, Dt. Rechtschreibungswörterbuch
210 Bruhns-Ramdohr, Kristallogr.
220/220a Moser, Allg. Musiklehre
221/221a Jander-Jahr, Maßanalyse
222 Hassak-Beutel-Kutzelnigg, Warenkunde I
223 Hassak-Beutel-Kutzelnigg, Warenkunde II
226 Hofmann, Gesch. d. Mathem. I
228 Vogel, Landw. Tierzucht
231/231a Ehrlich, Geschichte Israels
238 Krahe, German. Sprachwiss. I
243 Mahler, Physikal. Aufgabenslg.
247/247a Hofmann-Jander, Qualitative Analyse

679 Altheim, Röm. Geschichte III
684 Altheim, Röm. Geschichte IV
691 Fauser, Kulturtechn. Bodenverbesserungen I
692 Fauser, Kulturtechn. Bodenverbesserungen II
698/698 a Schulze, Allgemeine und physikalische Chemie II
703 Knopp, Funktionentheorie II
709 Lehmann, Philosophie d. 19. Jh. II
711 Kesselring, Berechnung der Schaltgeräte
714/714 a zur Megede, Technik selbsttätiger Regelungen
715 Zietemann, Dampfturbinen II
716 Zietemann, Dampfturbinen III
718 Neger-Münch-Huber, Laubhölzer
728/728 a Pirani-Fischer-Runge, Graph. Darstellg. in Wissensch. u. Technik
735 Ekwall, Historische neuengl. Laut- und Formenlehre
746/746 a Pfanzagl, Allg. Methodenlehre der Statistik I
747/747 a Pfanzagl, Allg. Methodenlehre der Statistik II
756/756 a Kalitsunakis, Grammatik der Neugriechischen Volkssprache
763/763 a Beer-Meyer, Hebräische Grammatik I
764/764 a Beer-Meyer, Hebräische Grammatik II
768/768 a Bieberbach, Einführung in die konforme Abbildung
769/769 a Beer-Meyer, Hebr. Textbuch
776 Kolms, Finanzwissenschaft III
780 Krahe, German. Sprachwiss. II
781 Weigert, Stilkunde II
782 Kolms, Finanzwissenschaft IV
786 Schulze, Molekülbau
807 Kropp, Erkenntnistheorie
809 Moser, Harmonielehre I
826 Koch, Philosophie des Mittelalters
827 Schwaiger, Elektromotorische Antriebe
831 Erismann, Allg. Psychologie I
832/832 a Erismann, Allg. Psychologie II
833/833 a Erismann, Allg. Psychologie III
837 Baumgartner, Gruppentheorie
845 Lehmann, Philosophie im ersten Drittel des 20. Jahrhunderts I
847 Herter, Lurche
850 Lehmann, Philosophie im ersten Drittel des 20. Jahrhunderts II
851/851 a Moede, Psychologie des Berufs- und Wirtschaftslebens
857 Capelle, Griech. Philosophie I
858 Capelle, Griech. Philosophie II
859 Capelle, Griech. Philosophie III
862 Werkmeister-Grossmann, Vermessungskunde III
863 Capelle, Griech. Philosophie IV
866 Bieler, Röm. Literaturgesch. II
869 Freye, Vögel
875 Hofmann, Geschichte der Mathematik II
877 Knopp, Aufgabensammlung zur Funktionentheorie I
878 Knopp, Aufgabensammlung zur Funktionentheorie II
881 Humburg, Gleichstrommasch. II
882 Hofmann, Gesch. d. Mathematik III
893 Treue, Dt. Geschichte von 1807 bis 1890
894 Treue, Dt. Geschichte von 1890 bis zur Gegenwart
902 Müller, Dynamik I
903 Müller, Dynamik II
910 Jaeger, Afrika I
911 Jaeger, Afrika II
915 Sperber-Fleischhauer, Geschichte der Deutschen Sprache
917/917 a Böhm, Versicherungsmathematik II
920 Hoheisel, Gewöhnliche Differentialgleichungen
921 Jantzen-Kolb, W. v. Eschenbach. Parzival
929 Schirmer-Mitzka, Dt. Wortkunde
930 Krull, Elementare und klassische Algebra I
931 Hasse, Höhere Algebra I
932 Hasse, Höhere Algebra II
933 Krull, Elementare und klassische Algebra II
936 Thum-Meysenbug, Werkstoffe des Maschinenbaues II
952 Schäfer, Transformatoren
953 Zipperer, Techn. Schwingungsl. I
961/961 a Zipperer, Techn. Schwingungslehre II
965 Dehnert, Wehr- und Stauanlagen

Autorenregister

AUTORENREGISTER

FSC
www.fsc.org
MIX
Papier | Fördert gute Waldnutzung
FSC® C083411

Kolibri 360 GmbH
Ferdinand-Jühlke-Straße 7
99095 Erfurt, Deutschland
produktsicherheit@kolibri360.de